COMMENT

LES BÊTES TRAVAILLENT

SOCIÉTÉ ANONYME D'IMPRIMERIE DE VILLEFRANCHE-DE-ROUERGUE
Jules BARDOUX Directeur.

COMMENT

LES

BÊTES TRAVAILLENT

CAUSERIES FAMILIÈRES SUR LES INDIVIDUS LES PLUS REMARQUABLES

DU RÈGNE ANIMAL

PAR

ADRIEN LINDEN

PARIS

LIBRAIRIE CH. DELAGRAVE

15, RUE SOUFFLOT, 15

1885

Un grand penseur, nommé Descartes, que vous apprendrez à connaître un jour, prétendait que les animaux sont des créatures dépourvues d'intelligence et de sensibilité, et n'agissent que comme de simples machines. Les animaux n'ont point protesté contre cette calomnie; mais les savants de tout pays se sont chargés de ce soin et ont prouvé que Descartes, en lançant cette grosse injure à la face des bêtes, avait commis une grosse injustice.

L'illustre Réaumur, à qui nous devons plusieurs ouvrages très importants sur le monde des insectes, était loin de partager l'opinion de Descartes, car il dit en parlant des animaux : « Un grain d'instinct de plus, et l'on verrait certaines espèces se réunir et se grouper mieux que les hommes. » Helvétius, célèbre philosophe du siècle dernier, allait plus loin encore et disait : « Si l'animal était pourvu de mains, il ferait ce que fait l'homme. »

Les anciens écrivains étaient persuadés que les animaux avaient été nos premiers maîtres et que l'hirondelle nous avait appris à maçonner, l'araignée à tisser,

2

le castor à bâtir sur pilotis, le chien à connaître et à employer les simples, etc.

Sans accepter les faits extraordinaires que certains naturalistes, amis du merveilleux, attribuent aux animaux, on peut croire aux facultés intellectuelles et aux sentiments des bêtes des classes supérieures. Ces facultés et ces sentiments paraissent s'affaiblir à mesure qu'on descend la série des êtres, mais il est positif que certains mammifères, oiseaux et insectes, possèdent un instinct qui se rapproche de l'intelligence humaine. Il suffit de jeter un coup d'œil sur l'industrie et les mœurs de quelques individus de ces groupes pour s'en convaincre : les exemples abondent.

Ce sont ces exemples, choisis entre mille, que je vous présente aujourd'hui, aimés lecteurs, et j'espère que vous éprouverez quelque plaisir à les trouver dans ce volume.

Pour éviter tout malentendu, je dois vous prévenir que ce livre est absolument récréatif : la science n'a rien à y voir. Je ne cherche pas à vous instruire ; je n'ai point une aussi haute ambition. Je veux tout simplement vous amuser en vous montrant un des côtés pittoresques de la zoologie et en vous signalant les représentants les plus curieux du règne animal.

A. L.

COMMENT
LES BÊTES TRAVAILLENT

UN CONTE DE FÉE

Le caporal, accoudé sur l'appui de la fenêtre, lisait dans un livre. C'était la première fois que je le voyais lire autre chose que son détestable journal politique.

— Lisez tout haut, caporal, lui dis-je.

Otant sa pipe de sa bouche, il lut :

⁂

« La petite Cendrillon, au coin de son feu, pleurait à chaudes larmes. Elle était obligée de garder la maison, tandis que ses deux sœurs dansaient au bal que donnait le fils du roi. Sa marraine, qui était fée, lui dit :

« — Tu voudrais bien aller au bal, n'est-ce pas ? Eh bien, va dans le jardin et apporte-moi une citrouille.

« Cendrillon alla cueillir la plus belle citrouille qu'elle put trouver. Sa marraine la toucha de sa baguette, et la citrouille fut aussitôt changée en un beau carrosse doré. Ensuite, elle alla regarder dans la souricière, où elle trouva six souris tout en vie. Elle les toucha de sa baguette, et les souris se changèrent aussitôt en six chevaux gris pommelé. Après quoi, elle toucha un gros rat de sa baguette, et ce gros rat fut changé en gros cocher : il avait les plus belles moustaches qu'on eût jamais vues.

« Ensuite, elle dit à sa filleule d'aller chercher six lézards qui se trouvaient dans le jardin, derrière l'arrosoir.

« Elle les toucha de sa baguette, et les six lézards se changèrent en six laquais qui montèrent aussitôt derrière le carrosse avec leurs habits chamarrés.

« La fée dit alors à Cendrillon :

« — Eh bien, voilà de quoi aller au bal ; n'es-tu pas bien aise ?

« — Oui, mais est-ce que j'irai comme cela avec mon vilain habit ?

« Sa marraine ne fit que les toucher de sa baguette, et ses habits furent changés en habits de drap d'or et d'argent tout chamarrés de pierreries. »

— Des bêtises ! dit le caporal en fermant son livre.

— Nous l'avons tous lu, dans notre jeunesse, ce conte charmant, lui répliquai-je ; il nous a bien amusés, et peut-être nous amuserait-il encore. Ne sommes-nous pas tous enfants dès qu'il s'agit de choses merveilleuses ? Notre bon La Fontaine n'a-t-il pas dit quelque part :

> L'homme est de glace aux vérités,
> Il est de feu pour les mensonges ?

Et ailleurs :

> Si Peau d'Âne m'était conté,
> J'y prendrais un plaisir extrême ?

— C'est bien possible, dit le caporal.

— Il faut l'avouer, ces contes fantastiques sont vraiment fort attrayants. Ils séduisent notre imagination et nous transportent dans le pays des chimères. Chacun, après les avoir entendus, voudrait avoir une fée pour marraine ou tout au moins posséder sa baguette magique.

— Moi tout le premier. Ah! si je pouvais mettre la main sur un pareil talisman, je ferais des choses...

— Que diriez-vous, caporal, si je vous prouvais que la puissance de ces fées n'est extraordinaire que parce que

La petite Cendrillon, au coin de son feu...

les transformations qu'elles ordonnent s'accomplissent instantanément? Si le temps ne comptait pour rien, vous et moi, qui ne sommes certainement pas sorciers, nous ferions des prodiges tout aussi miraculeux que ceux de la marraine de Cendrillon.

— Oh! oh! fit mon interlocuteur en me regardant d'un air quelque peu narquois.

— Vous doutez de ma parole, mon bon caporal; eh

bien, accordez-moi une minute d'attention, et vous serez bientôt convaincu. Avant de commencer mes opérations magiques, il est bien entendu que je supprime le temps, cet impitoyable gêneur qui met de si forts bâtons dans les roues de notre impatience ; attention ! je commence :

⁂

Dans les poches de mon paletot, qui ne sont pas à double fond, mais qui sont vastes et nombreuses, je mets de la poussière, du duvet, des filaments, des flocons et une foule de très menus objets de toute forme et de toute couleur.

Dans les poches de mon pardessus je fourre des matières gélatineuses et des poignées de quelque chose qui a l'aspect du sable, du gravier, de cailloux plus ou moins arrondis. Ainsi lesté, je vais me promener dans la campagne. Tout en cheminant, je jette devant moi, à droite et à gauche, une pincée de la poudre de perlimpinpin que recèle une de mes poches, et, à l'instant même, la terre nue se couvre d'un tapis de verdure émaillée de boutons d'or. Je prends une nouvelle pincée, et je la répands de la même façon. Tout aussitôt s'élèvent par milliers des fleurs aux formes les plus élégantes, aux couleurs les plus vives, aux parfums les plus suaves.

Je continue, et je fais apparaître successivement des melons, des carottes, des salades, des haricots, des choux, des poireaux, des cornichons, etc.

Ensuite, et toujours suivant le même procédé, surgissent des arbrisseaux, des arbustes, des arbres couverts de fruits appétissants ; puis des futaies, des bosquets, des bois, des forêts entières avec des cyprès hauts de cent mètres et des baobabs de soixante mètres de circonférence.

Fouillant dans les poches de mon pardessus, j'en tire

cette chose qui ressemble à du sable, à du gravier, à du
caillou ; je souffle sur cette chose, et, à l'instant même,
je vois sortir de cette menue grenaille des vers, des ver-
misseaux, des bestioles, des chenilles de toute sorte.
L'une d'elles se met à filer de la soie ; je m'empare
de cette soie, et, d'un tour de main, je la transforme en
une étoffe brochée d'or et d'argent.

Pendant ce temps, les autres graviers s'ouvrent, et
j'en vois sortir des bêtes d'espèces très variées : des serpents qui se glissent dans les herbes ; des lézards qui se
chauffent au soleil ; des tortues qui broutent ; des crocodiles qui se traînent sur le sol ; des poules qui glous-
sent ; des canards qui nasillent ; des cigognes qui font
claquer leur bec comme des castagnettes ; des petits
oiseaux qui voltigent dans les airs et qui chantent dans
les buissons, etc.

Jetant dans l'eau douce et dans l'eau salée la matière
gélatineuse qui remplit mes autres poches, je vois sortir
de cette matière des poissons de tout genre, de toute
taille, depuis l'épinoche jusqu'à l'esturgeon ; des crustacés
aux formes bizarres, couverts d'une peau aussi dure que
de la pierre ; des mollusques nus agitant leurs souples
tentacules ; des mollusques à coquilles traînant après soi
leur maison souvent très enjolivée.

Ailleurs, je vois des polypes qui nagent d'abord et
qui vont ensuite se fixer pour jamais à quelque rocher ;
des méduses, pareilles à des chapeaux chinois, qui flottent
librement entre deux eaux ; des anémones aux couleurs
variées, fleurs vivantes qui tapissent le fond de la
mer, à côté d'éponges, au corps informe et caverneux.
Enfin, sortent des milliards de milliards d'animalcules
dont le nombre m'épouvante et dont je connais à peine
quelques-uns.

Ne suis-je pas un sorcier autrement habile que la marraine de Cendrillon ?

— Ouais! dit le caporal, tout le monde en ferait autant. Vous n'avez fait que jeter en terre la semence des végétaux et mettre à l'eau ou à la chaleur les œufs des animaux.

— Je n'ai fait que cela, j'en conviens, caporal. Est-ce que la marraine de Cendrillon en a fait davantage ? Elle a touché les objets qu'elle désirait transformer, j'ai touché de même. Elle a accompli ses prodiges par la vertu d'une baguette magique ; j'ai accompli les miens par la vertu de la nature : où donc est la différence ?

La nature !

Voilà, caporal, la fée sans pareille, la fée toute-puissante devant laquelle les fées de notre invention ne sont que de bien chétives plagiaires. La nature c'est l'unique prestidigitatrice, c'est la seule vraie sorcière qui mérite notre admiration. Ses prodiges sont bien réels et bien autrement féconds que ceux que nous attribuons à des personnages imaginaires. C'est elle qui transforme les continents en mers et les mers en continents ; qui fait surgir ou disparaître des montagnes ; qui fait croître des arbres de cent mètres et qui les renverse d'un souffle ; qui fait jaillir des flammes des entrailles de la terre et tomber des cataractes du ciel ; c'est elle qui unit et désagrège les minéraux ; qui fait naître, vivre et mourir les plantes et les animaux ; c'est elle qui, sans repos, sans relâche, toujours et sans cesse, produit d'une main et détruit de l'autre sur tous les points à la fois. C'est elle qui, sans rien anéantir, ne laisse rien subsister dans le même état ; qui tire le nouveau de vieilles dépouilles et d'anciens débris ; c'est elle qui, avec une somme de matériaux paraissant déterminée, fait, défait, modifie, transforme, jour par jour, heure par heure, minute par minute, tout ce que nous voyons et tout ce que nous ne voyons pas. Dans ce perpétuel mouvement rien ne demeure, mais rien non plus ne disparaît. De façon qu'envisagée à ce point de vue, la mort, qui nous semble si triste, n'a plus rien de lugubre. En définitive, mourir c'est cesser de vivre, ce n'est pas cesser d'être ; c'est cesser d'exister sous une forme pour renaître sous une autre forme. Or, comme rien ne peut être anéanti, il en résulte que notre corps est immortel.

A ce propos, je me rappelle une pièce de vers que j'ai composée autrefois, quand j'étais à l'âge où l'on versifie. Permettez-moi, caporal, de vous la réciter. Elle résume assez bien ce que je viens de vous dire.

— Récitez, mon capitaine, vous savez avec quelle attention j'écoute tout ce qu'il vous plaît de me raconter.

— La voici, cette œuvre de jeunesse :

LA LOI DU TRAVAIL

> Il est des vérités qu'on ne peut trop redire.
> (MONTAIGNE.)

C'est la loi du travail qui gouverne les mondes.
Depuis le grain de sable, errant au fond des ondes,
Jusqu'aux astres de feu suspendus dans les airs,
Rien ne reste immobile en ce vaste univers.

L'éternel mouvement soumet à son empire
La matière passive et l'être qui respire ;
Par lui chaque soleil dans l'espace emporté
Fait graviter les corps peuplant l'immensité ;
Par lui naît la chaleur ainsi que la lumière,
Dont il est ou l'effet ou la cause première ;
Par lui l'air établit ses multiples courants,
L'eau répand ses vapeurs, projette ses torrents ;

A son ordre le jour aux ténèbres fait place,
L'été brûlant succède à la saison de glace,
Le mobile Océan s'émeut, roule et mugit,
La fougueuse tempête accourt, tonne et mugit.

Malgré son importance et sa puissance active,
Le mouvement n'est pas la seule force vive ;
Il est d'autres agents au travail consacrés
Dont le nombre et l'état sont encore ignorés :
Semence, âme, ferment, souffle, atome, étincelle,
Concourent au labeur de l'œuvre universelle.

Si l'on ne comprend pas leur pouvoir agissant,
Un mot peut définir leur effort incessant :
Ce mot, c'est le TRAVAIL.

                        Tous, autant que nous sommes
Dans l'humble microcosme où s'agitent les hommes,
Nous subissons sa loi. Rien n'y peut échapper,
Toute création doit y participer :
Le minéral emprunte à l'argile grossière
L'élément qui le forme et redevient poussière ;
La plante que flétrit le souffle des autans
Renaît sous les baisers chaleureux du printemps ;
Les êtres animés, que le désir convie,
A des êtres pareils communiquent la vie.
Tout se métamorphose en se constituant,
Tout finit, tout commence, en se perpétuant ;
Il n'est point de repos, il n'est point de limite ;
Le vide est idéal, le stérile est un mythe ;
Le néant est chimère ainsi que le trépas ;
Mourir est un non-sens : la mort n'existe pas !

L'homme, dont le génie aspire à tout connaître,
Voudrait de chaque objet trouver la raison d'être,
Voir ne lui suffit point ; il se croit appelé
A découvrir l'occulte, à percer le voilé ;
Ne pouvant rien créer, ne pouvant rien détruire,
A l'état d'animal forcé de se réduire,
Il n'en cherche pas moins, quoique toujours en vain,
A ravir les secrets de l'ouvrier divin.

Homme, poursuis ton rêve, analyse, calcule,
N'écoute pas celui qui te dira : Recule.

Use de ta raison, stimule tes esprits :
En te les donnant, Dieu les a-t-il circonscrits ?
Pénètre ses desseins, car c'est lui rendre hommage
Qu'essayer d'entrevoir son but et son image.

Moi, chanteur ignorant, ne sachant que rimer,
Je ne cherche pas Dieu', je ne fais que l'aimer.
Qu'il soit ou non caché, le plus frêle brin d'herbe
Le révèle à mes yeux : la nature est son verbe.
N'osant de ses décrets sonder la profondeur,
J'admire son ouvrage éclatant de splendeur,
Et vois que si les fins du terrestre domaine
Se dérobent encore à la science humaine,
Au modeste penseur il est du moins permis
D'affirmer le principe auquel il est soumis.
Je m'arrête à ce point où s'arrête le doute ;
Laissant le philosophe égaré sur la route
Où depuis si longtemps il marche sans y voir,
A cette vérité je borne mon savoir :
« C'est la loi du travail qui gouverne le monde ;
« Le travail est sacré, puisque Dieu le féconde ! »

Cette poésie n'est peut-être pas... comment dirai-je ? pas
très récréative, et j'aurais pu vous l'épargner ; mais trou-
vez-moi un poète qui résiste au plaisir de réciter ses vers.

Le caporal ne répondit rien : il dormait...

Ne m'entendant plus parler, le caporal se réveilla :

— Oui, oui, mon capitaine, la nature est une belle
invention, murmura-t-il sans trop savoir ce qu'il disait.

— Vous savez bien que je ne suis pas capitaine. Ne
pourriez-vous pas vous déshabituer de me donner ce titre
que je ne mérite aucunement ?

— Vous le méritez autant que beaucoup d'autres. Enfin,
suffit ; on essayera de se conformer à la consigne. Reve-

nous, s'il vous plaît, à cette bonne dame Nature, que vous avez l'air de bien estimer et à laquelle je m'intéresse très vivement.

— Si ce genre de conversation vous déplaît, caporal, nous changerons de sujet.

— Ah! mon capitaine, ne dites pas cela; si j'ai un peu fermé l'œil pendant votre discours, c'est que vous avez parlé en rimes et que je me recueillais pour mieux les saisir. D'ailleurs, puisque vous ne voulez pas entendre un mot de politique.....

— Non, caporal, pas un seul. Pour parler sainement politique, il faut avoir de vastes connaissances que nous ne possédons ni l'un ni l'autre; or, en pareille matière, si l'on n'est pas très ferré, on commence par dire des sottises et l'on finit par en faire. Du reste, l'histoire naturelle est moins étrangère à la politique que vous le supposez; écoutez-moi jusqu'au bout, et je vous le prouverai.

— Je vous écouterai religieusement, mon capitaine, vous demandant seulement la permission de vous questionner, toutes les fois que je ne comprendrai pas bien.

— Questionnez-moi aussi souvent que vous le voudrez, mon ami; les questions ne déplaisent jamais aux causeurs; elles prouvent qu'on les écoute, et qu'on s'intéresse à ce qu'ils disent. Où en étais-je?

— A la bonne dame Nature, la sorcière incomparable.

— Que ses travaux sont merveilleux et féconds! Quelle puissance est la sienne! Mais pour les comprendre il faut les regarder et les observer jusque dans le moindre détail.

Parfois elle procède suivant la méthode employée par les fées des contes de la mère l'Oie, c'est-à-dire avec accompagnement de coups de tam-tam, feux de bengale, changements à vue, etc.; — témoin les tremblements de terre et les éruptions de volcans. — Mais le plus souvent, l'infatigable ouvrière accomplit ses prodiges avec calme et lenteur, comme il convient à une personne qui a l'éternité devant soi et que rien ne presse. Insensible aux prières comme aux injures, elle poursuit son œuvre au profit de tous et ne favorise aucun intérêt particulier. C'est pourquoi, sans doute, nous n'accordons à ses travaux que des regards distraits. Nous la trouvons beaucoup trop au-dessus de nous et bien moins aimable que les fées qui s'occupent de nos petites affaires et qui nous procurent des voitures pour aller au bal.

Puisque nous en sommes sur le chapitre des transformations qu'on pourrait appeler fantastiques, arrêtons-nous-y un instant et jetons un coup d'œil sur celles qui s'accomplissent chaque jour autour de nous et que nous pouvons toucher du doigt. Laissons de côté les changements perpétuels qui se produisent dans tout ce qui existe, et parlons des transformations bizarres que subissent un certain nombre d'animaux et qui s'écartent complètement des règles ordinaires; elles excitent la curiosité de tout le monde, même celle des personnes les plus étrangères à l'histoire naturelle.

Mais avant d'aller plus loin, caporal, il faut que je vous pose une question à mon tour. Connnaissez-vous l'évolution normale, anatomique et physiologique que subit la grande majorité des animaux? J'ai besoin de le savoir, car les exceptions ne sont intéressantes qu'autant que l'on connaît les règles générales.

— Je vous assure que je ne comprends absolument rien à vos paroles : physiologie, anatomie, c'est de l'hébreu pour moi. On ne m'a jamais causé de cela au régiment.

— N'en soyez pas mortifié, caporal, c'est de l'hébreu

pour beaucoup d'autres, et personne ne s'en porte plus mal pour cela.

L'anatomie est la science qui traite de la structure des corps organisés. La physiologie est la science de la vie. Mais ces deux sciences ne peuvent marcher l'une sans l'autre : quand on s'occupe de la structure des organes, il faut bien en connaître les usages, n'est-il pas vrai? — L'anatomie et la physiologie constituent donc la base de l'histoire naturelle des êtres organisés.

— Monsieur, si cela vous est égal, n'employez pas de si grands mots et dites-moi les choses à la bonne franquette; nous autres troupiers, nous sommes accoutumés aux mots secs et nets.

— Voisin, il y a des mots qu'on est forcé d'employer pour économiser le temps; ils résument toute une phrase ou renferment toute une définition. Mais rassurez-vous; je ne me servirai de termes scientifiques qu'à la dernière extrémité : autant qu'à vous ils me font peur.

Ceci bien entendu, retournons à notre propos, comme dit Pantagruel, et parlons des évolutions normales.

⚜

La nature paraît avoir adopté un plan uniforme pour assurer aux plantes et aux animaux la perpétuité de leur espèce : aux premières elle donne la GRAINE, aux seconds l'ŒUF.

Les plantes et les animaux qui portent ce précieux dépôt et qui sont chargés de le transmettre à leur descendance sont appelés femelles.

La graine et l'œuf présentent des analogies frappantes : l'une et l'autre renferment le germe qui doit produire une nouvelle plante ou un nouvel animal. Tous deux sont

entourés d'une enveloppe protectrice et contiennent une
partie nutritive destinée à alimenter le germe. La graine
peut donc être regardée comme un œuf végétal.

L'évolution de la graine est fort simple. Elle se forme
dans les organes intérieurs de la plante femelle, et lorsque
cette graine est mûre, elle se détache de la plante mère
et tombe. Si la graine rencontre un lieu favorable à son
éclosion, elle se gonfle, rompt ses téguments, poursuit en
dehors son développement et, après un laps de temps qui
varie suivant les espèces, donne naissance à une plante
nouvelle, pareille à celle qui l'a portée. Cette plante nouvelle, comme sa devancière, recèle dans sa fleur des
graines qui, lorsqu'elles seront mûres, tomberont à leur
tour et se reproduiront de la même manière : ainsi de suite.

Certaines plantes se reproduisent encore d'autre façon. Il en est, telles que les mousses, les algues, les
champignons, les lichens dont le mode de reproduction
n'est qu'imparfaitement connu ; mais dans la grande majorité des plantes, c'est la graine qui est chargée de per-
pétuer l'espèce, ainsi que je viens de vous l'expliquer.

La plante, n'étant pas douée de mouvements volon-
taires, ne peut choisir elle-même le milieu favorable à
la germination de ses graines ; elle est obligée de l'abandonner au hasard. La nature, dans sa prévoyance, s'est
chargée de diriger le hasard : c'est ainsi que certaines
graines — telles que celles de la balsamine — sont enfermées dans une capsule qui, au moment de la maturité,
se contracte, éclate et projette autour d'elle les graines
qu'elle recèle. D'autres graines — comme celles de l'orme
et du chardon — sont pourvues d'ailettes ou d'aigrettes qui
leur permettent de voltiger et de faire de longs trajets
dans les airs avant de s'abattre sur le sol. Quelques graines
enfermées dans des coques solides — telles que les noix,

par exemple — peuvent accomplir de longs voyages et franchir fleuves et mers. Quantité de fruits d'Amérique ont été transportés de la sorte sur les côtes de l'Europe.

Les animaux servent aussi à propager les graines, soit en les emportant dans leur toison, soit en les enfouissant dans leur terrier. Les oiseaux qui se nourrissent de fruits en rendent les graines ou les noyaux sans qu'ils aient éprouvé la moindre altération en passant par les voies digestives. C'est ainsi que plusieurs espèces d'arbres et d'arbrisseaux, originaires de l'Inde, ont été transportés dans les îles de l'Océanie.

Pour que la germination s'accomplisse, il faut que la graine rencontre la chaleur, l'air et l'humidité qui lui sont nécessaires. C'est ordinairement dans la terre qu'elle trouve les meilleures conditions de vitalité ; mais elle ne lui est pas absolument indispensable ; seulement la racine de la jeune plante trouve dans la terre les sucs nourriciers qui rendent son développement plus complet, plus rapide et qui lui permettent de se maintenir sur une base solide.

Les graines, suivant leur espèce et suivant les climats, ont une germination plus ou moins active. Le cresson lève en un jour ; le blé en trente-six heures ; les haricots, les épinards, les navets en trois jours ; les graines à noyaux, telles que les pêchers, en une année ; les noisetiers, les aubépines en deux ans, etc.

Certaines graines conservent leur faculté germinative pendant un laps de temps considérable. Des haricots gardés depuis soixante ans peuvent germer et croître ; d'autres graines de légumineuses font de même, après un siècle de conservation. On est parvenu à faire germer des grains de blé trouvés dans des sépultures romaines, c'est-à-dire après une station de seize à dix-huit cents ans.

— Oh ! là ! là ! fit le caporal, que diraient les cultivateurs du pays s'ils vous entendaient? Ils prétendent que le blé ayant séjourné pendant trois ans sur le grenier ne lève plus.

— C'est qu'ils ne savent pas qu'on peut hâter la germination des graines ou même la provoquer au moyen de l'eau chlorée.

Comme bien vous le pensez, voisin, la plupart des graines demeurent stériles ; qu'importe ! La nature n'est pas avare ; c'est avec profusion qu'elle a donné la graine à la plante. Sur un pied de tabac on a compté trente-deux mille graines ; l'orme peut en fournir plus d'un demi-million dans une année. Si toutes les graines de pavot arrivaient à maturité, elles couvriraient la surface de la terre en moins de cinq années.

Maintenant, arrivons à la graine animal, à l'œuf que pondent les femelles des animaux.

L'évolution de l'œuf est beaucoup plus compliquée que celle de la graine. Elle n'est pas la même chez tous les individus du règne animal.

Chez les animaux dits supérieurs, l'évolution de l'œuf s'accomplit dans l'ombre et le mystère. L'œuf se forme, éclôt, se développe, grandit dans les organes intérieurs de la femelle, et ne paraît au grand jour que lorsque, devenu animal lui-même, il possède les membres qu'il doit toujours conserver.

Ces animaux pondent donc des petits vivants.

Ce n'est pas tout.

Ces petits en venant au monde sont incapables de pourvoir à leur existence. Ils ont besoin pour vivre que la mère les nourrisse du lait de ses mamelles, pendant le premier âge.

Les animaux qui pondent des petits vivants sont appelés VIVIPARES.

On les désigne aussi sous le nom de MAMMIFÈRES, parce qu'ils sont pourvus de mamelles : tels sont les souris, les chats, les chiens, etc.

Certains animaux pondent des petits vivants qu'ils ne sont pas obligés de nourrir. Ces animaux sont dépourvus de mamelles et n'en ont pas besoin, puisque leurs petits, dès leur naissance, sont en état de pourvoir à leur nourriture.

Ces animaux sont appelés OVOVIVIPARES, parce que, chez eux, l'œuf éclôt dans le sein même de la mère.

Ils ne sont pas très nombreux. Quelques reptiles, des poissons cartilagineux, plusieurs insectes et quelques arachnides sont ovovivipares.

Les animaux qui pondent des œufs avant leur éclosion, c'est-à-dire encore entourés d'une enveloppe plus ou moins solide, sont appelés OVIPARES.

Ils sont en nombre considérable et n'élèvent pas leurs petits d'une manière analogue.

Certains Ovipares, après avoir pondu leurs œufs dans un nid qu'ils ont préparé à cet effet, les couvrent de leur corps, et, leur communiquant leur propre chaleur, les font éclore après un laps de temps qui varie suivant l'espèce. Quand le germe contenu dans l'œuf s'est développé, qu'il a acquis les organes qui lui sont nécessaires et la forme des individus de sa race, il brise sa coquille et se montre au grand jour.

Tels sont les oiseaux.

La plupart des oiseaux en sortant de l'œuf sont chétifs, dénudés et incapables de pourvoir à leur subsistance :

ils reçoivent la nourriture de leurs parents ; mais cette nourriture n'est pas du lait, puisque les ovipares, pas plus que les ovovivipares, ne possèdent de mamelles.

Certains oiseaux peuvent vivre, dès le premier âge, sans l'assistance de leurs parents ; au sortir de l'œuf, ils sont capables de pourvoir à leur nourriture.

Les ovipares qui n'appartiennent pas à la classe des oiseaux se contentent de pondre leurs œufs, sans plus s'en préoccuper, laissant à l'action de l'eau ou du soleil le soin de les développer et de les faire éclore.

Tous les petits qui sortent de ces œufs sont nécessairement en état de pourvoir à leurs besoins.

Les crocodiles, les tortues, la plupart des serpents et des poissons appartiennent à cette catégorie d'ovipares.

En résumé, que les œufs éclosent dans les organes internes de la femelle, comme cela arrive chez les mammifères et chez les ovovivipares, ou qu'expulsés du corps de la femelle, ils éclosent au dehors, comme c'est le cas chez les autres animaux, ces œufs n'en donnent pas moins naissance à des petits ressemblant à l'animal qui les a pondus.

Telle est la règle générale, l'évolution régulière de l'œuf chez la plupart des animaux vertébrés. Je devais vous les faire connaître avant de vous parler des règles exceptionnelles et des évolutions bizarres qu'on rencontre dans les trois autres embranchements du règne animal.

— Voici un rayon de soleil qui perce le nuage : m'est avis qu'il ferait bon se promener le long du mur aux abricots, dit le caporal en se levant et en allumant sa pipe.

LES TRANSFORMATIONS

— J'avais sur ma croisée un assez vaste aquarium au milieu duquel se trouvait un rocher avec quelques plantes aquatiques : rien de plus.

. Pour occuper ce réservoir, j'y plaçai deux ou trois grenouilles. Quelques jours après, je remarquai, flottant à la surface de l'eau, une matière grise et glaireuse parsemée de points noirs. Cette matière, semblable à de la gelée de groseille, avait été certainement pondue par une de mes grenouilles, puisqu'il n'y avait aucun autre animal dans l'aquarium.

Je me promis de surveiller l'éclosion de ces œufs de grenouille. Que croyez-vous qui devait sortir de ces œufs, caporal ?

— Dame, suivant toute apparence, il devait en sortir de mignonnes grenouillettes.

— Qui, s'aidant de leurs courtes pattes antérieures, grimperaient sur le rocher, et de là piqueraient des têtes dans l'eau en s'aidant de leurs grandes pattes de derrière, qui font l'office de ressorts : c'était bien là-dessus que je comptais.

Chaque matin, je regardais cette matière glaireuse dont les points noirs grossissaient considérablement. Quelle ne fut pas ma surprise lorsque, un beau jour, je vis mon aquarium rempli de petites bêtes rondes, à moitié plates, dépourvues de tout membre, mais ornées d'une queue longue, large et mince comme une lame de couteau et très frétillante.

D'où provenaient ces petites bêtes noires au ventre argenté et à l'œil vif? Pas des grenouilles, ce semble : car ces petites bêtes ne ressemblaient pas plus à des grenouilles qu'à des poissons. D'ailleurs, les grenouilles sont carnassières; elles se nourrissent de proies vivantes qu'elles happent au moyen de leur langue. Cette langue est même singulièrement attachée. Au lieu d'être fixée au fond du

On les appelle Têtards.

gosier, comme la nôtre, elle tient sur le devant de la mâchoire; de façon que la grenouille crache, pour ainsi dire, sa langue sur les bestioles dont elle veut s'emparer. Elle jette et rentre cette langue avec une telle vivacité qu'il est très difficile d'en suivre le mouvement.

Rien de cela chez mes petites bêtes à queue frétillante : elles dédaignaient les vers rouges dont les grenouilles étaient si friandes et se contentaient de brouter les plantes aquatiques qui se trouvaient là.

Ces petites bêtes rondes étaient herbivores.

Jamais non plus elles ne venaient se reposer sur le rocher, ainsi que le faisaient les grenouilles, qui sont des animaux amphibies et qui ont besoin de renouveler leur provision d'air. Évidemment, mes petites bêtes au ventre argenté n'avaient pas le même mode de respiration que les grenouilles.

Ces bêtes se contentaient de brouter les plantes aquatiques...

La respiration, vous le savez, est la principale fonction animale : sans air, point de vie.

La respiration s'effectue à l'aide d'organes et d'appareils divers. La respiration aérienne se fait au moyen de poumons et de trachées ; la respiration aquatique au moyen de branchies. Chez certains crustacés, la respiration s'effectue par les pattes ou par la peau ; chez d'autres animaux des classes inférieures, la respiration n'a pas d'organe spécial et se fait par toutes les parties du corps.

Mes petites bêtes à queue mince respiraient, comme les poissons, au moyen de branchies. Elles ne pouvaient certainement pas être des enfants de grenouilles, les grenouilles respirant au moyen de poumons.

Évidemment, ces bestioles n'avaient de la grenouille ni la forme, ni les membres, ni le même mode de respiration, ni le même régime alimentaire, rien enfin, absolument rien de ce qui constitue l'espèce grenouille. D'ailleurs ces bestioles avaient une queue ! Pouvait-il me venir à l'esprit que les grenouilles avaient une queue dans leur jeunesse ? J'aurais donc parié cent contre un que ces petites bêtes gris noir étaient aussi étrangères à l'espèce grenouille qu'à l'espèce limaçon.

Eh bien, malgré toutes les apparences, j'aurais perdu mon pari. Ces petites bêtes rondes, à moitié plates, privées de pattes et ornées d'une queue, étaient bien véritablement des enfants de grenouille.

Je les vis grossir et s'allonger. Au bout de six semaines, elles étaient pourvues de deux pattes, — les pattes de derrière, qui étaient sorties du corps je ne sais trop comment. Mes bestioles restèrent ainsi nageant et frétillant pendant dix-huit à vingt jours ; après quoi, les pattes de devant leur poussèrent. Elles ressemblaient alors à des lézards courts, — elles avaient conservé la queue.

Ce n'est qu'environ quinze jours après que cette queue s'oblitéra, et que de jeunes grenouilles m'apparurent, semblables à l'animal qui les avait pondues.

En passant par ces divers états, la petite grenouille — qu'on appelle Tétard durant son premier âge — avait dû modifier complètement sa forme, son appareil respiratoire, son estomac, sa mâchoire, en un mot passer de la classe des poissons à celle des batraciens.

Voilà, si je ne me trompe, une transformation plus radicale que celle des souris en chevaux gris pommelé.

Autrefois les Grenouilles faisaient partie de la classe des Reptiles ; aujourd'hui elles appartiennent à la classe des Batraciens, autrement appelés Amphibiens. Cette classe renferme peu d'individus, mais ils sont tous curieux à divers points de vue et presque tous subissent des métamorphoses.

Je vais vous signaler les plus intéressants.

La petite Grenouille, appelée Raine ou Rainette et quelquefois Grenouillette, a le dos couleur vert pâle et le ventre blanc. On en compte une trentaine d'espèces, dont une seule habite l'Europe. Elle grimpe sur les arbres et vit au milieu du feuillage ; c'est là qu'elle va chasser les insectes dont elle se nourrit. L'extrémité de ses doigts se termine par une espèce de pelote ou disque élargi qui lui permet de marcher sur les surfaces polies et même de se tenir le corps renversé, comme les mouches.

On trouve souvent les raines attachées au revers des feuilles. Leur couleur les dissimule, et c'est avec peine qu'on peut les apercevoir.

Le mâle enfle parfois son gosier de telle sorte qu'il

paraît avoir une boule sous le menton. Sa voix forte, qui

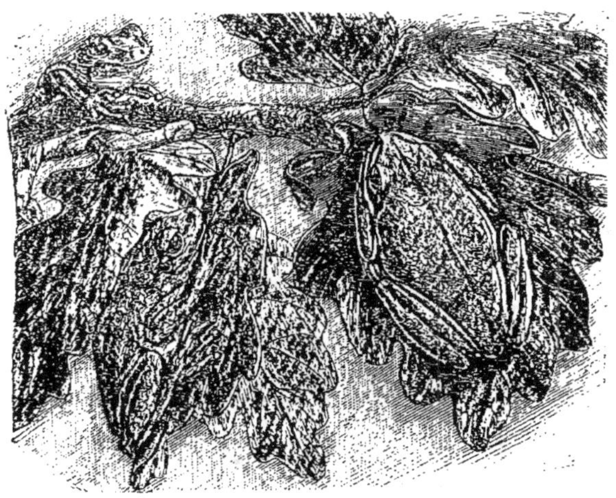

On trouve souvent les Raines attachées au revers des feuilles.

a quelque analogie avec celle du canard, se fait entendre
de très loin.

La Grenouille mugissante d'Amérique est beaucoup
plus volumineuse que la nôtre. Elle remplirait l'intérieur
de votre casquette.

Cette Grenouille possède une telle puissance de voix
que, lorsqu'elle coasse, on croirait entendre mugir un
jeune taureau. Quand plusieurs de ces Grenouilles sont
assemblées, ce qui arrive fréquemment, elles font un tel
tapage qu'il est impossible de rester dans leur voisinage.

Le Crapaud, l'immonde Crapaud, n'est pas le moins curieux des Batraciens. D'abord il est horrible et d'un aspect repoussant; ses mouvements sont lents et pénibles; ses formes lourdes; il se traîne plutôt qu'il ne marche; il fuit la lumière et le soleil; il se cache dans les sillons

On dirait qu'il a le sentiment de sa laideur...

bourbeux, les trous humides et sous les pierres. On dirait qu'il a le sentiment de sa laideur et qu'il cherche à se dérober à tous les yeux. Sa peau flasque, boursouflée, pustuleuse, est bien faite pour inspirer le dégoût. Elle laisse suinter par des mamelons irréguliers une humeur jaunâtre, visqueuse et nauséabonde qui n'est point du tout inoffensive, comme le croient encore certaines personnes.

Le populaire a, de tout temps, regardé le Crapaud comme un animal venimeux. Cette opinion ne reposant sur aucun fait positif, les naturalistes la traitaient de préjugé; mais les travaux de M. Vulpian ne laissent

subsister aucun doute à cet égard, et donnent raison
à l'opinion populaire. Ce savant a démontré par des
preuves irrécusables que la liqueur secrétée dans les mamelons pustuleux de la peau du Crapaud pouvait, intro-
duite dans les chairs, donner en quelques minutes la
mort aux petits oiseaux. Une goutte étendue sur le dos
d'une grenouille la fait périr en moins d'une minute.
Avec une dose plus forte, on peut tuer, en moins d'une
heure, un bouc et un chien ou quelque autre animal de
cette taille. La victime tombe et se débat en proie à d'af-
freuses convulsions.

Le venin du Crapaud, comme tous les venins d'ailleurs, n'est dangereux qu'autant qu'il est mêlé au sang.
Or, il faut le reconnaître, le Crapaud ne possède aucune
arme capable d'entamer les chairs les plus tendres. Les
possédât-il, que le danger ne serait pas plus grand :
comment le venin de ses verrues pourrait-il passer dans ses
dents ou dans son aiguillon, s'il avait un aiguillon ou des
dents ? Il faut pour cela un appareil spécial, dont je vous
expliquerai le mécanisme quand je vous parlerai des bêtes
venimeuses. On peut donc, en toute assurance, toucher ce
Batracien, le tourner et le retourner sans courir aucun
risque, pourvu toutefois que les mains soient exemptes
d'écorchures. Mais, à part les naturalistes, qui donc éprouve
le désir de palper la dégoûtante bête ?

Son venin ne lui sert que de moyen de défense. Lorsqu'il est attaqué, le Crapaud fait suinter ses verrues ;
son corps se couvre aussitôt du liquide jaunâtre, et ce
liquide nauséabond éloigne bien vite ses ennemis.

Si le Crapaud est hors d'état d'introduire son venin dans
le sang de n'importe quel animal, il peut fort bien arriver que ceux qui l'attaquent se l'inoculent eux-mêmes,
ainsi que je l'ai vu, il y a quelque vingt ans, non loin d'ici.

— Racontez-moi cette histoire, s'il vous plaît, je serais curieux de la connaître, dit le caporal.

— Elle est fort simple et ne fait que confirmer ce que je viens de vous apprendre ; la voici :

Je revenais de la chasse en compagnie du notaire de Voirimont, dont j'étais l'hôte. En passant dans le verger, nous vîmes un énorme Crapaud gris, qui rampait gauchement sur le sol. Le notaire excita ses chiens contre le Crapaud. Les chiens n'obéirent qu'avec une extrême répugnance. Cependant, à la voix de leur maître, ils coururent sus au Batracien et le mordirent à plusieurs reprise Après cet exploit, ils prirent la fuite et rien ne put les déterminer à revenir à la charge.

Une demi-heure après, la gueule des chiens était considérablement enflée et répandait une abondante salive. Nous ne savions à quoi attribuer cet accident, — à cette époque je ne connaissais pas le caractère venimeux du liquide qu'exsude le Crapaud, et mon compagnon n'en savait pas davantage. — Toujours est-il que dans la soirée un des chiens succomba. Nous le trouvâmes étendu près de sa niche. L'autre chien, qui avait bu une grande quantité d'eau à plusieurs reprises, en fut quitte pour une enflure. Le chien mort avait sans doute quelque blessure aux gencives, et le venin s'était introduit dans la circulation du sang par cette ouverture.

Le Crapaud est donc venimeux, c'est un fait incontestable. Le venin des Crapauds de la Colombie est même si actif que les sauvages le font entrer, dit-on, dans la composition de la mixture avec laquelle ils empoisonnent leurs flèches.

Je ne puis quitter le Crapaud sans vous parler de sa

vitalité singulière. Cette vitalité est tellement anormale qu'elle paraîtrait fabuleuse, si elle n'avait été constatée par des savants dignes de toute estime.

Vous savez que le Crapaud passe l'hiver dans un état complet d'engourdissement. Ce que vous ignorez, peut-être, c'est qu'à l'exemple de la Belle au bois dormant, il peut dormir pendant cent ans sans boire ni manger et presque sans respirer.

— Oh ! là ! là ! fit le caporal.

— On a trouvé des Crapauds vivants enfermés dans des roches compactes et dans des troncs d'arbres. La cavité qu'ils occupaient avait exactement la forme de leur corps.

Depuis combien de siècles étaient-ils dans cette prison, c'est ce que, jusqu'à présent, aucun naturaliste n'a pu dire.

— J'ai déjà entendu raconter cette histoire, mais je l'ai toujours regardée comme une fable.

— Vous avez pu l'entendre. Elle est connue et presque légendaire au village ; mais, à part les bonnes femmes, personne n'y voulait croire. La longévité du Crapaud, de même que sa venimosité, était reléguée parmi les contes bleus et classée parmi les préjugés populaires.

Eh bien, cette fois encore, les bonnes femmes devaient avoir raison.

En 1851, un savant de Blois vint présenter, à l'Académie des sciences, un fragment de silex dans lequel on avait trouvé un Crapaud vivant. Cette pierre, tirée à vingt mètres de profondeur du fond d'un puits en construction, fut brisée à coups de pioche par les ouvriers. Il en sortit un Crapaud en très bon état de santé, qui tout aussitôt se mit à sauter sur le sol avec la gaucherie qui caractérise son espèce.

La cavité qui l'avait recélé semblait avoir été moulée sur son corps et ne présentait aucune fissure.

Quatre savants des plus autorisés : MM. Élie de Beaumont, Flourens, Milne-Edwards et Duméril, furent chargés de donner leur avis sur la communication faite par leur confrère de Blois. Ces messieurs, après un examen sérieux, déclarèrent « *qu'ils regardaient la découverte comme très avérée* ». Cependant, ne pouvant expliquer ce quasi-prodige, ils ne demandèrent point que leur rapport fût approuvé par l'Académie. De manière que, malgré son authenticité, ce fait ne reçut point de sanction de la docte assemblée, et qu'à cette heure il est encore à l'étude.

En matière scientifique, il est d'usage de n'accepter aucune observation comme définitive qu'après avoir été contrôlée. Cette coutume est fort sage, puisque la plupart des découvertes sont faites par des voyageurs qui n'ont pas toujours les connaissances voulues pour juger en dernier ressort ; cependant, au cas particulier, l'Académie des sciences ne s'est-elle pas montrée un peu bien circonspecte ?

Le fait d'ailleurs était facile à vérifier : il suffisait, pour cela, d'enfermer des Crapauds dans quelque corps dur et de les y laisser pendant un grand nombre d'années.

Cette expérience a déjà été faite il y a plus d'un siècle. Elle a été renouvelée à diverses époques par des savants émérites.

En 1767, Hérissant, médecin de Paris, constata que, sur trois Crapauds qu'il avait enfermés dans du plâtre, deux vivaient encore au bout de dix-huit mois.

En 1817, E. Edwards renouvela l'expérience et obtint des résultats analogues.

On a trouvé des Crapauds vivants enfermés dans des roches compactes.

En 1825, le géologue anglais Buckland fit de même avec un pareil succès.

En 1851, après le rapport de M. Duméril, un ingénieur correspondant de l'Académie des sciences, M. Seguin, enferma une dizaine de Crapauds dans des vases de terre remplis de plâtre gâché fort dur. Après un laps de temps qu'il évalue à six années, l'expérimentateur brisa le plâtre et trouva un Crapaud vivant qui reprit ses mouvements habituels ; les autres étaient morts.

D'après ce qui précède, il est permis de conclure que, si tous les Crapauds ne sont pas susceptibles d'endurer une pareille réclusion, il y en a qui peuvent supporter de très longs jeûnes et n'ont besoin pour vivre que d'une très minime quantité d'air.

Pour croire à l'existence des Crapauds centenaires, attendons que l'Académie des sciences nous en donne l'autorisation.

En vous promenant dans la campagne n'avez-vous jamais rencontré un Crapaud dont les cuisses étaient entourées d'une espèce de corde ponctuée de points noirs et d'aspect gélatineux ?

— J'ai rencontré beaucoup de Crapauds dans ma vie ; comme ils me dégoûtent, je m'en suis écarté. Celui dont vous parlez est-il fait autrement que les autres ?

— Non, mais il a des mœurs particulières. Il se distingue par sa grande sollicitude pour sa future descendance. Cet animal est terrestre ; il ne va dans l'eau que pour y déposer son frai : ses œufs ne peuvent éclore ailleurs ; toutefois, ils ont besoin, auparavant, de séjourner pendant quelque temps à l'air libre. La femelle, au moment de la ponte, pourrait déposer ses œufs dans un lieu sûr et les porter à la mare au moment opportun. Mais n'est-ce pas imprudent ? Les fourmis, ces fureteuses qui ne respectent rien, ne sauraient-elles pas trouver le précieux dépôt ? Que faire en pareille occasion ? Ce que font les

Le père Crapaud, ainsi chargé...

avares : ne point quitter son trésor et le porter sur soi ; ainsi pense le mâle, le père Crapaud.

Pour mettre sa bonne idée à exécution, que fait ce père vigilant ? Il suit pas à pas sa femelle, quand elle commence à pondre ; il l'aide à se débarrasser de ses œufs, qui, collés les uns aux autres par une sorte de gelée, forment un long cordon ; ramasse ce cordon avec ses pattes, l'enroule autour de ses cuisses et, ainsi chargé, va, vient et s'occupe de ses petites affaires jusqu'au moment où l'instinct l'avertit qu'il est temps d'aller porter son fardeau à la mare.

On appelle cet amphibien dévoué ALYTE : il est commun en France.

— Étonnant ! s'écria mon interlocuteur. Ce Crapaud a donc du cœur et de l'esprit, puisqu'il montre un si vif attachement pour sa progéniture et une si grande adresse pour la conserver ?

— Il ne faut pas lui accorder plus d'éloges qu'il n'en mérite ; ce Crapaud obéit à l'instinct qui le guide plus qu'à des sentiments affectueux, les Batraciens n'ayant pas, que je sache, une extrême sensibilité.

— Celui dont vous venez de parler est tout de même complaisant.

— On ne peut lui refuser cette qualité. Il n'est pas le seul de son espèce qui se montre attentif et prévenant.

Il existe dans cette famille de Crapauds — qui paraît s'être réservé le monopole de la laideur — des individus qui sont à la fois les plus affreux, les plus singuliers et les plus volumineux de la race ; ce sont des étrangers, originaires de Surinam : laissez-moi vous les présenter.

— Présentez, mon capitaine ; je suis prêt à les bien recevoir.

— Imaginez-vous un énorme Crapaud au corps aplati et large comme une assiette, à la tête presque triangulaire, à la peau livide, gluante, pustuleuse et couverte de verrues protubérantes. Ces verrues inspirent un profond dégoût aux Européens. Celles de la femelle sont particulièrement répulsives ; elles ressemblent, quand elles sont ouvertes, à des abcès crevés. Elles sont creuses, en effet, larges et profondes d'environ six millimètres et ont une destination si bizarre qu'on ne peut s'empêcher de s'y intéresser.

Cet animal hideux porte le nom de PIPA.

C'est le plus hideux et le plus singulier sujet de cette étrange famille.

Malgré sa laideur, les indigènes le recherchent et se régalent de sa chair, qu'ils trouvent délicieuse.

— A quel usage ses verrues sont-elles destinées?

— Nous venons de voir que Grenouilles et Crapauds pondent des œufs et que de ces œufs sortent des bestioles qui ne ressemblent d'abord en rien à leurs parents. Nous avons suivi les diverses évolutions de ces têtards, et nous les avons vus devenir animaux parfaits.

Eh bien, il nous serait impossible de suivre et d'observer les transformations des petits Pipas, attendu qu'elles s'accomplissent mystérieusement. Les œufs de Pipa n'éclosent pas dans l'eau, comme ceux du Crapaud ordinaire ou de l'Alyte ; ils éclosent dans la peau même de la mère qui les résorbe, si je puis m'exprimer ainsi.

Voici comment les choses se passent :

Au moment de la ponte, la femelle du Pipa dépose ses œufs sur la berge. Le mâle les ramasse avec ses pattes antérieures et les dépose soigneusement sur le dos de la femelle, dans les cavités dont il a été question. Dès que la mère Pipa a reçu le précieux dépôt, elle gagne la mare et s'y plonge. Aussitôt les verrues se referment et les œufs, abrités dans ces logettes, y demeurent pendant trois mois.

Un beau matin, ces cellules crèvent et l'on en voit sortir des petits Pipas qui font une seconde fois leur entrée dans le monde, sans avoir passé par l'état de têtard.

Les Pipas sont donc à la fois ovipares et ovovivipares, et leurs petits ont une double naissance. C'est un fait très curieux parmi les animaux vertébrés.

Avouez, caporal, que l'histoire des Crapauds ne manque pas d'intérêt et qu'elle méritait la peine d'être racontée.

— Je l'avoue, mon capitaine. Ce sont tout de même de sales bêtes ; et quand j'en rencontrerai, je...

— Vous vous en éloignerez, et vous respecterez leur vie : elle nous est précieuse. Ne savez-vous pas que ce Batracien est un de nos meilleurs amis, un de nos plus vaillants auxiliaires ? C'est grâce à lui que nous mangeons des fruits et des légumes. Il défend nos jardins et nos vergers pendant que les petits oiseaux sommeillent sur la branche. C'est un gardien de nuit qui chasse les vers, les limaces, les chenilles et autres ravageurs, dont il fait sa nourriture. Les maraîchers bien avisés entretiennent un grand nombre de Crapauds dans leurs jardins potagers. Les Anglais, qui sont des gens pratiques, viennent en acheter chez nous; ils les payaient, il y a quelques années, six francs la douzaine.

Le Crapaud rachète sa laideur par les services qu'il nous rend; il n'est point agressif et nullement importun. Empêchons les enfants de le martyriser et gardons-nous de le détruire; faisons plutôt connaître ses mérites à ceux qui les ignorent. Que nous importe son aspect désagréable! Mieux vaut un ami très laid, qui nous protège et nous enrichit, qu'un très bel ennemi qui nous attaque et qui nous ruine, ainsi que fait le papillon.

Éloignons-nous du Crapaud, s'il nous inspire une trop vive répulsion, mais laissons-le vivre : à défaut d'autres sentiments, l'intérêt nous le commande.

— Suffit, mon capitaine; on obéira à la consigne, dit mon très complaisant auditeur.

Après les Crapauds, les plus intéressants des amphibiens sont les Salamandres, animaux fort communs dans nos pays.

La SALAMANDRE ressemble au lézard. Elle n'est pas plus grosse que le doigt et mesure de douze à quinze centimètres de longueur. Elle redoute les rayons du soleil et recherche les endroits humides et obscurs. Sa peau, granulée et de couleur sombre, est parsemée de taches irrégulières; le ventre est de teinte jaune clair ou fauve, suivant les espèces. Quand l'animal est tourmenté, cette peau se couvre d'une matière visqueuse, blanchâtre et assez abondante, qui suinte par une double rangée de mamelons placés sur la nuque et sur le dos. Cette liqueur, âcre et d'une odeur forte, peut éloigner de petits ennemis, mais elle ne lui permet pas d'éteindre des charbons ardents, comme on le dit encore au village. Cette croyance est un reste du paganisme. Vous savez que les anciens attribuaient à la salamandre le pouvoir de vivre au milieu des flammes. C'est un préjugé que rien ne justifie : lorsqu'on approche cette bête du feu, même à distance, elle se débat et meurt en peu d'instants.

Telle est la Salamandre terrestre.

La Salamandre aquatique, qu'on appelle aussi TRITON, a la peau tachetée comme la précédente : le ventre est gris sale ou jaune terreux. Elle a les doigts palmés et le mâle porte sur le dos et sur la queue une crête dentelée.

De même que la Salamandre terrestre, le Triton fait suinter par ses verrues une liqueur nauséabonde qui est presque aussi venimeuse que celle qu'exsude le crapaud.

Salamandres et Tritons sont ovovivipares : ils pondent des petits vivants. Ces petits en naissant ne sont pas des animaux parfaits; ils ne sont encore que têtards, privés de pattes et respirant par des branchies en forme de houppes placées de chaque côté du cou. Ces têtards, à l'exemple des têtards de grenouilles et de crapauds, acquièrent en grandissant des pattes et des poumons; toutefois, ils ne perdent pas leur queue, comme les têtards de crapauds et de grenouilles.

Ainsi qu'on le voit, la reproduction des Salamandres diffère de celle des animaux précédents.

Si les Salamandres ne peuvent vivre au milieu des flammes, en revanche, elles possèdent la très précieuse qualité de reproduire presque toutes les parties de leur corps, quand elles les ont perdues. On peut leur couper les pieds, leur arracher les yeux, leur abattre la queue, ces mutilations se réparent.

Le caporal, à ces mots, ne put réprimer son éternel

Point de borgnes ni de manchots dans cette famille.

oh ! là ! là ! exclamation qui lui est familière, — ainsi qu'on l'a peut-être remarqué, — et qu'il jette chaque fois qu'il m'entend citer un fait surprenant. Cet *oh ! là ! là !* qui exprime sinon une négation, du moins un doute, m'oblige implicitement à fournir des preuves à l'appui de mon dire, ce qui ne m'est nullement désagréable.

— Oui, caporal, on peut couper la queue et les membres de la Salamandre : ils repoussent.

Ou peut la voir dans l'aquarium du Jardin des plantes.

Bonnet, naturaliste suisse, a, quatre fois de suite, amputé une Salamandre du même pied. Il a enlevé un œil à un Triton : un an après, l'animal éborgné avait ses deux yeux.

M. Duméril, professeur au Muséum d'histoire naturelle, a pu enlever à un Triton, sans lui donner la mort, les trois quarts de la tête, y compris la langue et les yeux. L'animal vécut pendant trois mois après cette cruelle opération. Il ne mourut pas des suites de sa blessure ; il mourut asphyxié : la plaie en se cicatrisant lui avait fermé les narines et la bouche.

La plus grande Salamandre de nos pays ne dépasse guère vingt centimètres. L'espèce particulière au Japon atteint parfois un mètre cinquante centimètres de longueur, et pèse jusqu'à douze kilogrammes.

On peut voir à l'aquarium du Jardin des plantes un sujet de ce genre. Quoique pouvant vivre à l'air libre en sa qualité d'amphibie, il se tient presque constamment blotti au fond de son bassin de verre.

Sa tête est presque ronde, ses pattes sont très courtes ; sa peau, gluante et d'un brun sombre, est maculée de teintes vertes ; une crête s'étend de la partie postérieure du corps et finit en queue.

En somme, c'est un vilain animal.

L'Axolotl, autre salamandre originaire du Mexique, peut mesurer trente centimètres de longueur. Sa peau, d'un beau noir, a des reflets de velours. Depuis l'invention des aquariums d'appartement, cet animal est devenu fort commun en Europe.

L'Axolotl jouit des mêmes avantages que ses congénères. On peut lui faire subir toutes sortes d'amputations, —

l'échine et le cerveau exceptés, — sans qu'il paraisse trop en souffrir et avec la certitude que les parties supprimées repousseront.

Il n'y a ni borgnes ni manchots dans cette famille.

Cet animal est curieux sous un autre rapport. C'est le plus amphibie des Batraciens, c'est-à-dire le mieux organisé pour vivre sur la terre et dans l'eau. Vous savez que les amphibies ne peuvent demeurer indéfiniment dans l'eau? Ils sont obligés de venir de temps à autre respirer l'air atmosphérique. Une grenouille qu'on maintiendrait de force dans l'eau périrait noyée.

L'Axolotl ne redoute pas l'asphyxie; il possède les appareils propres aux deux modes de respiration. Il est muni de branchies qui lui servent à respirer l'air contenu dans l'eau, et de poumons qui lui permettent de séjourner en permanence sur terre. Il ne profite guère de ce dernier avantage : il préfère la vie aquatique.

Ses branchies ne sont pas dissimulées dans la tête, comme les ouïes des poissons ; elles sont placées de chaque côté du cou et flottent au gré de l'eau : on croirait voir des petits panaches ou des rameaux mobiles.

Il faut ajouter que cet animal n'est que le têtard d'un Batracien à poumons nommé Amblystome.

Toutes les Salamandres sont carnassières ; elles vivent de vers, de larves de petits insectes et de frai de poisson.

Les Salamandres ne sont pas les seules bêtes qui se réparent elles-mêmes, quand elles sont endommagées.

Certains mollusques et certains crustacés possèdent cette faculté, mais à un moindre degré.

L'HÉLICE, autrement appelée Escargot, fait les réparations de sa maison. Si l'on enlève un fragment de sa

coquille, l'animal le remplace par une pièce qui est ordinairement d'une teinte plus claire que le tout ; cela produit
l'effet d'une réparation exécutée par un tailleur des plus
habiles : on n'y voit ni couture ni reprise.

L'Escargot porte sa maison et la répare.

Les Écrevisses, qui se cassent souvent les pinces, s'en
fabriquent de nouvelles, quand cet accident leur arrive.
Ce qui fait dire aux pêcheurs que les Écrevisses naissent
avec des pinces dissemblables.

Beaucoup d'animaux inférieurs font mieux que réparer leurs avaries : ils se fractionnent entièrement, et chaque
partie de leur individu, se reconstituant, devient un animal complet et indépendant.

Je vais vous les faire connaître.

Auparavant, laissez-moi vous parler de la métamorphose des Insectes. Elle est non moins curieuse que la
transformation des grenouilles et des crapauds.

LES MÉTAMORPHOSES

Les Insectes. — Ces petits animaux, dont beaucoup nous taquinent et dont beaucoup nous rendent service, sont classés dans l'embranchement des Articulés. Leur corps est divisé en trois parties distinctes : la tête, le thorax et l'abdomen. Ils sont munis de six pattes, respirent par des trachées, subissent presque tous des métamorphoses et sont généralement pourvus d'ailes.

La respiration des Insectes se fait par des ouvertures appelées stigmates, qui sont placées sur les côtés des anneaux du ventre, et par des trachées ou tubes que soutient un filament en spirale; ces trachées parcourent tout le corps.

La plupart des Insectes subissent des transformations à trois époques de leur vie, et se présentent sous quatre aspects différents. D'abord ils sont œufs. Ces OEufs donnent naissance à une bestiole qui a généralement l'aspect d'un Ver ou d'une Chenille. Dans ce deuxième état, l'Insecte prend le nom de Larve. Après avoir vécu pendant un temps qui varie suivant les espèces, cette larve s'enferme dans une enveloppe, qu'elle se prépare elle-même, ou dans sa propre peau, qui se durcit à cet effet, et demeure sans mouvement, durant un laps de temps variable, mais généralement beaucoup plus court que dans l'état précédent.

Dans ce troisième état, l'Insecte est désigné sous le nom de Nymphe.

C'est pendant cet état de repos apparent que s'accomplit le travail de la dernière transformation et que l'Insecte acquiert les organes et les membres dont il était dépourvu. Lorsque ce travail mystérieux est accompli, l'Insecte sort de son enveloppe et apparaît sous sa forme définitive, c'est-à-dire Scarabée, Mouche, Papillon, etc.

Dans ce quatrième état, la bestiole prend le titre d'Insecte parfait.

Dans la plupart des cas, les larves sont tellement différentes des insectes parfaits, qu'on croirait voir deux animaux d'espèces différentes. D'autres fois, les larves ne se modifient que par le développement des ailes et de quelques autres parties du corps.

Ces divers degrés de transformation sont appelés Métamorphose complète, et Demi-Métamorphose.

Enfin, il existe un certain nombre d'Insectes qui ne subissent aucune transformation, et qui naissent avec tous les organes dont ils doivent être pourvus. Ces Insectes sont presque toujours privés d'ailes.

Après ces trois stations dans son existence, l'Insecte, devenu parfait, vit pendant un temps qui généralement ne dépasse pas une saison, dépose ses œufs dans un lieu toujours bien choisi et meurt.

Les Insectes ne sont pas seulement remarquables par leurs étonnantes métamorphoses ; leurs mœurs et leur industrie ne sont pas moins curieuses, et l'on ne saurait trop admirer le merveilleux instinct qui les dirige dans toutes leurs actions.

La vie d'un insecte parfait est de courte durée, et bien
peu sont appelés à voir leurs petits vivants. Forcé d'abandonner ses œufs et ne pouvant s'occuper des larves qui
doivent en sortir, l'Insecte a été doué par la nature de
l'incroyable faculté de pourvoir à leurs besoins et de
choisir le lieu précis où se trouve la nourriture qui leur
est propre. Cette nourriture est quelquefois si différente
de la sienne que la substance qui convient à ses enfants
peut lui être mortelle. C'est ainsi que certains Insectes, qui
ne vivent que de végétaux, vont déposer leurs œufs dans
les cadavres de petits animaux, parce que les larves qui
doivent sortir de ces œufs ne se nourrissent que de chairs
corrompues.

D'autres laissent tomber leurs œufs dans l'eau, élément qui leur serait fatal s'ils y tombaient eux-mêmes;
quelques-uns vont loger leurs œufs sous l'écorce des arbres, dans le bois, et déposent des provisions à côté de ces
œufs. D'autres encore vont pondre sur la peau ou dans la
chair des animaux vivants.

Tous, enfin, savent distinguer le lieu propre à leurs
futures larves. Jamais ils ne se trompent; jamais ils ne
confondent une plante avec une autre plante, un animal
avec un autre animal : n'est-ce point extraordinaire?

Si, jetant les yeux sur les travaux accomplis par ces
petits êtres, on observe l'ordre, la discipline qui règne dans
leur association; si on les voit se distribuer le travail, se
prêter un mutuel appui, se concerter devant le danger,
combiner leurs efforts et sacrifier tout intérêt personnel
pour concourir au bien général, alors on est frappé d'admiration.

Si, examinant l'Insecte isolé, on remarque les ruses
qu'il médite, l'adresse qu'il déploie pour se nourrir ou
se défendre; si on lui voit accomplir des actions souvent

complexes et modifier ses moyens suivant les circonstances, on ne peut s'empêcher de reconnaître que ces êtres infimes ne sont pas moins bien doués, sous le rapport des facultés intellectuelles, que les animaux dits supérieurs.

Parmi les Insectes à métamorphose complète, je vous citerai le Coléoptère le plus connu de tous, celui qui fait la joie des enfants et la terreur des jardiniers : le Han-

C'est alors un gros ver blanc...

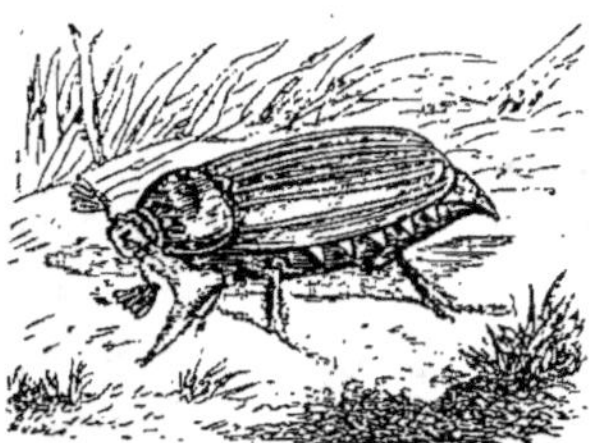

Le bonasse hanneton qui compte ses écus...

NETON. Cet insecte qui, à l'état parfait, ne vit guère au grand jour plus de quelques semaines, demeure sous terre à l'état de larve pendant des années entières; après quoi, il se change en nymphe et demeure ainsi pendant huit mois. Ensuite, il accomplit sa métamorphose, mais il se tient encore sous terre durant deux mois environ. Enfin, après trois années, il apparaît au grand jour, commence ses ravages, qui l'ont rendu fameux, et pond d'avril à fin mai.

A l'état de larve, le Hanneton ne ressemble guère à ce lourd et bonasse insecte qui compte ses écus avant de prendre son vol. C'est alors un gros Ver blanc à tête dure et brune et à fortes mandibules. Son corps, bondé de graisse, se tient enroulé dès qu'il est hors du sol. Cette larve dé-

LUCANE MALE ET FEMELLE, SA NYMPHE ET SA LARVE

Les dames romaines faisaient de ces larves leur régal favori.

vore les racines des plantes et des arbustes : l'agriculture
n'a pas de plus terrible ennemi.

4

Tous les Coléoptères subissent des métamorphoses complètes.

Le plus gros individu de cet ordre, dans nos pays, mesure jusqu'à huit centimètres de longueur, et quelquefois davantage. On l'appelle LUCANE ou CERF-VOLANT.

Il est remarquable par l'énorme développement de ses mandibules qui ressemblent à des cornes de cerf. On ne sait à quoi peuvent lui servir ces mâchoires démesurées, qui ne peuvent que pincer : à se suspendre aux branches, peut-être ! Elles serrent avec tant de force qu'elles peuvent soulever un poids considérable.

Linnée prétendait qu'un éléphant qui aurait une force proportionnée à celle du Cerf-volant ébranlerait une montagne.

La femelle du Lucane porte le nom de Biche; elle n'a que des mandibules normales.

Ces gros insectes habitent sur les chênes et ne volent que le soir. A l'état de larve, ils sont gras et dodus et ressemblent beaucoup aux larves de hanneton.

Ils vivent pendant quatre ans avant de se métamorphoser et commettent de grands dégâts dans les bois.

Les dames romaines faisaient de ces larves leur régal favori.

— Oh ! oh !...

— Pourquoi non ? Ces larves ne se nourrissent que de bois; elles sont moins répulsives que les crabes, que nous mangeons. D'ailleurs, vous le savez, tous les goûts sont dans la nature. L'astronome Lalande croquait avec délices les grosses araignées de jardin.

Un insecte à métamorphose complète d'un autre genre

Retrouvez la Chenille dans ce magnifique insecte aux ailes pailletées...

est le Papillon. Il forme à lui seul tout un ordre : l'ordre
des Lépidoptères.

A l'état parfait, les Papillons se nourrissent d'aliments

liquides, qu'ils puisent dans le calice des fleurs au moyen d'une trompe en forme de spirale. A l'état de larves, ils sont munis de fortes mâchoires et se nourrissent presque tous de matières végétales.

Les larves des Papillons s'appellent Chenilles, et leurs nymphes Chrysalides.

Quelle différence entre cette Chenille rampante qu'on n'ose toucher du bout du doigt et cet élégant Papillon, cette fleur animée, qui décrit de capricieux zigzags en voltigeant dans les airs! Retrouvez la Chenille dans ce magnifique insecte aux ailes pailletées de mille couleurs et ornées d'arabesques fantastiques! La transformation est si complète qu'une personne non prévenue ne pourrait jamais découvrir en ce brillant Lépidoptère le moindre vestige de son premier état.

Après avoir pondu ses œufs, le Papillon meurt.

Comme exemple d'insectes à demi-métamorphose, je vous citerai l'Éphémère, parce que cet insecte est curieux à plus d'un titre. A l'état de larve, il vit dans l'eau pendant trois années; à l'état parfait, il vit un jour à peine; de là son nom.

La nymphe ne diffère de la larve que par l'absence des fourreaux qui renferment les ailes. Au moment d'accomplir sa transformation, la nymphe quitte les eaux et se met à voltiger tant bien que mal, ses ailes étant épaisses et son vol très lourd. Elle s'arrête bientôt et va se fixer sur quelque plante du voisinage, où elle demeure immobile pendant une heure ou deux; puis, tout à coup, par un brusque mouvement, elle se débarrasse d'une peau très fine et très blanche qui la tenait pour ainsi dire emmaillottée. Cette enveloppe reste attachée sur place et conserve la forme de l'insecte.

L'Éphémère apparaît alors dans toute sa légèreté, avec des antennes et des pattes plus longues et des ailes transparentes. C'est ordinairement le soir que s'accomplit cette transformation, qu'on pourrait appeler changement à vue et qui est spécial à cet insecte.

Avant le lever du soleil, l'Éphémère a cessé de vivre.

Et semble emmaillottée dans une peau blanche... .

Elle ne vit qu'un jour...

Pendant sa courte existence, cette bestiole ne prend aucune nourriture. Elle voltige au-dessus des eaux et y laisse tomber ses œufs en deux ou trois paquets ; la ponte faite, l'Éphémère tombe à son tour et va servir de pâture aux poissons.

La Phrygane, espèce voisine de la précédente, a les ailes

en toit. La larve et la nymphe sont aquatiques. Elles vivent dans les marais et les étangs et se logent dans une espèce de fourreau construit avec du menu bois, des débris de coquillage et des grains de sable qu'elles arrangent comme de petits fagots.

A l'état parfait, la Phrygane vit hors de l'eau. Elle est très vive et voltige le soir sur le bord des eaux.

Réaumur l'appelle Mouche papilionacée.

Les Insectes qui ne subissent aucune métamorphose sont généralement des parasites qui vivent aux dépens des autres animaux.

Vous savez que tous les êtres vivants, sans en excepter les Insectes eux-mêmes, nourrissent des PARASITES. Chaque animal a les siens particuliers: l'éléphant malgré son cuir épais, le crocodile malgré sa cuirasse, n'en sont pas plus exempts que les autres. Certains Parasites vont se loger sur ou sous la peau ; d'autres vont s'établir dans les intestins, ou se localiser dans certaines parties du corps.

Vous connaissez les Insectes parasites extérieurs de l'homme : ce sont les Poux et les Puces.

Les Poux sont des insectes dépourvus d'ailes et qui ne subissent aucune métamorphose. Les petits au sortir de l'œuf, vulgairement appelé Lente, ont toutes les formes de l'individu adulte.

— Est-il vrai que le Pou devienne grand-père en vingt-quatre heures?

— Non, c'est là un conte de nourrice. La fécondité de ces détestables petits êtres n'a rien d'extraordinaire. La ponte est en moyenne de dix à douze œufs par jour. Ces

œufs éclosent en une semaine environ et les petits ne sont
adultes qu'au bout de dix-huit à vingt jours. Néanmoins
on a calculé qu'une femelle de Pou, un mois après sa nais-

Elle se construit un fourreau avec des débris...

sance, pouvait avoir une postérité de 1,200 Lentes et de
200 rejetons adultes, pouvant se reproduire.

Que les gens malpropres se tiennent pour avertis.

Le Pou de tête habite exclusivement la chevelure.

Le Pou du corps est d'une autre espèce; il ne se rencontre pas dans les cheveux et vit sur la peau de l'homme ou dans ses vêtements : il est connu sous le nom de Pou BLANC.

Il n'a pas d'ailes et ne subit aucune métamorphose.

La Puce est moins féconde que le pou. Elle ne pond guère plus de quinze à vingt œufs par année; ces œufs éclosent dans l'espace de quatre à dix jours, suivant la saison. De ces œufs sortent des larves blanches et sans

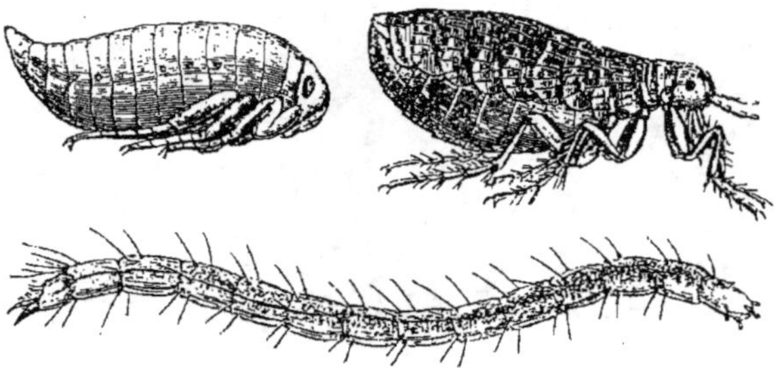

Elle donne la becquée à ses petits.

pattes qui ressemblent à des vers. Elles sont très remuantes et se tortillent comme de petites anguilles. La mère les nourrit en leur dégorgeant une partie du sang qu'elle nous a dérobé. Ce fait a été confirmé par Réaumur, et après lui par M. Blanchard.

— En ce cas, elle élève ses petits à la becquée? me fit observer mon voisin.

— Précisément, car si la mère est tuée, ses petits meurent de faim.

Au bout dé dix à quinze jours, ces larves se filent une coque blanche et s'y enferment pour accomplir leur métamorphose. Quinze jours après, la chose est faite et la jeune Puce se met à sauter et à nous piquer avec les deux aiguillons en forme de lancettes dont sa bouche est pourvue et qui sont renfermés dans une espèce de gaine.

Ce petit insecte ne vole pas, mais il fait des sauts prodigieux, grâce à ses trois paires de pattes fortement musclées qui agissent comme des ressorts.

Beaucoup d'animaux ont des Puces : le chien, le chat, la chauve-souris, la taupe, le hérisson, le blaireau, le mulot. Ces Puces appartiennent à différentes espèces.

J'ai vu des Puces qui faisaient l'exercice et qui défilaient à la queue leu leu...

Ces bestioles sont, paraît-il, susceptibles d'une sorte d'éducation. J'ai vu des industriels qui faisaient voir des Puces exécutant l'exercice avec des sabres de bois; elles traînaient de petites voitures, défilaient à la queue leu leu sur une table de marbre.

Le maître nourrissait ses pensionnaires en les posant de temps en temps sur son bras.

Il existe une espèce de Puce si petite qu'on peut à peine l'apercevoir à l'œil nu. Elle est très commune aux Antilles, dans les Guyanes, au Brésil, etc.

Cette Puce est très dangereuse et tourmente cruellement les personnes qui marchent sans chaussures.

— Vous voulez parler de la Chique, s'écria le caporal, je la connais. Elle va se loger sous les doigts de pieds, dans le talon, et s'introduit particulièrement dans l'orteil : les nègres en ont presque toujours.

— Oui, c'est bien de la Chique, ou Puce pénétrante, que je veux parler. Ce parasite est un hôte des plus dangereux. Il se glisse sous la peau sans qu'on s'en aperçoive et l'on ne constate sa présence que lorsqu'il commence à se développer. Or ce développement est hors de toute proportion : il est monstrueux. La Chique, à peine visible à l'œil nu avant son entrée dans les chairs, devient mille fois plus grosse : elle acquiert le volume d'un pois. La tête et le thorax ne paraissent plus sur cette boule que comme un point brunâtre.

Il faut se débarrasser au plus vite de ce parasite avant la ponte, sans quoi il en résulterait des ulcérations et des accidents mortels.

Les vieilles négresses excellent dans l'art d'extirper les Chiques. Il paraît que cette opération demande beaucoup d'adresse et de dextérité. Si on la manque, le parasite pénètre plus avant dans les chairs et sa présence détermine de telles perturbations dans le membre que l'amputation devient quelquefois nécessaire.

Un de nos savants voulut faire connaître à ses collègues d'Europe un de ces parasites. Il s'embarqua ayant une Chique logée dans son orteil; mais, à mi-chemin, il éprouva des douleurs si violentes qu'il fut obligé de la faire extirper. Le chirurgien du navire n'avait-il point l'expérience des vieilles négresses, ou l'opération fut-elle faite trop tardivement? je ne sais. Toujours est-il qu'elle ne réussit pas, et que le savant périt victime de son amour de la science.

Les Insectes parasites sont placés au bas de la série des êtres. Chose étrange ! plusieurs de ces animaux, si dégradés, jouissent jusqu'à un certain point de l'organisation normale des animaux supérieurs : de leurs œufs sortent des petits semblables à la mère qui les a pondus, et certaines de ces bestioles pondent des petits vivants.

Vous connaissez ces espèces de Poux qu'on voit rassemblés en grand nombre sur la tige et sous les feuilles de sureaux, de rosiers, de tilleuls, de saules, d'ormes, etc. Ils sont de couleurs variées : il y en a de noirs, de jaunes, de verts, de bruns, de rouges, etc.

— Oui, ce sont des Pucerons.

— Les Pucerons se nourrissent de la sève des végétaux, qu'ils sucent au moyen du bec dont ils sont pourvus. Ils portent à l'extrémité de l'abdomen deux tubes par lesquels suinte une matière sucrée qui paraît destinée à nourrir les jeunes Pucerons. Eh bien, ces bestioles pondent des petits vivants ! Elles sont à la fois ovipares et ovovivipares, mais pas de la même façon que les pipas, dont les petits ont pour ainsi dire une double naissance. Les Pucerons alternent. Ils sont ovovivipares pendant la belle saison et pondent des petits vivants pendant onze générations successives : ces Pucerons sont privés d'ailes.

A l'approche de l'hiver, apparaissent seulement des nymphes avec des rudiments d'ailes ; puis, des mâles et des femelles pourvus d'ailes transparentes. Ces femelles ailées, qui sont très différentes des femelles sans ailes, pondent des œufs. Ces œufs passent l'hiver à l'état d'œuf. Au printemps, ils éclosent et donnent naissance à des Pucerons ovovivipares qui se mettent à pondre des petits vivants, jusqu'à l'entrée de l'hiver : ainsi de suite.

Il paraît que ce double mode de reproduction ne se fait que pour la conservation de l'espèce. Sans le froid qui tue la bête et qui n'a aucun effet sur l'œuf, les Pucerons se reproduiraient indéfiniment.

Le naturaliste Kybler a publié ses expériences faites sur le Puceron de l'œillet. Il a obtenu, en serre chaude, des générations sans ailes pendant quatre années consécutives.

Il est temps que l'hiver mette un obstacle à la fécondité de cette vermine. Cette fécondité est prodigieuse et deviendrait inquiétante si elle n'était point arrêtée.

Il est facile de s'en faire une idée par un petit calcul.

Les Pucerons pondent, en moyenne, de cinquante à soixante petits. Au bout de quinze jours, ces petits sont adultes et peuvent se reproduire à leur tour. Or, en comptant dix générations par saison, on arrive à des chiffres fabuleux. On a calculé que la descendance d'un seul Puceron produirait à la dixième génération le nombre invraisemblable de quatre-vingt-dix-sept mille milliards ! Pressés les uns contre les autres, comme ils le sont sur les plantes, ces Pucerons couvriraient la cinquième partie du territoire français et, pour les compter un à un, il faudrait plus de dix mille ans. (II. Fabre.)

— Quelle fécondité prodigieuse! elle surpasse celle des harengs et des morues!

— Cette vermine est sans doute bien nécessaire, puis-qu'elle est aussi abondante — tout dans ce monde ayant sa raison d'être. — Comme ces Pucerons sont dodus, gras et sucrés, ils sont recherchés avidement par les petits oiseaux, qui les dévorent par millions, et par un grand nombre d'Insectes qui s'en régalent à la journée.

Parmi ces derniers on remarque la gentille COCCINELLE,

Elle fait la guerre aux pucerons.

On l'appelle aussi
Bête à bon Dieu...

que les enfants du nord-est de la France appellent Agate ou Bête à bon Dieu. Ce petit insecte, qui a cependant l'air bien innocent, est un carnassier très déterminé sous ses deux formes.

La Coccinelle dépose ses œufs au milieu des Pucerons massés ; de façon qu'en sortant de l'œuf, la larve n'a qu'à ouvrir la bouche pour avoir sa nourriture. Elle s'acquitte de cette fonction avec une rare dextérité, et du Puceron ne laisse que la peau. Devenu insecte parfait, la Coccinelle fait des trouées énormes dans les rangs des Pucerons.

Un autre Insecte, plus svelte et plus élégant que la

La jolie Demoiselle aux ailes de gaze, aux yeux d'or...

ronde et massive Coccinelle, la jolie Demoiselle terrestre, aux ailes de gaze, aux yeux d'or, la toute gracieuse Hémérobe, est également une ravageuse de Pucerons.

A l'état parfait, cette Demoiselle ne touche pas à cette vermine ; mais à l'état de larve elle en fait une consommation prodigieuse. En quelques jours, une seule larve d'Hémérobe débarrasse une plante des milliers de Pucerons qui la sucent.

Réaumur, le grand naturaliste et l'historien des mœurs des Insectes, appelle cette larve à longues mandibules : le lion des pucerons.

Beaucoup d'autres Insectes se nourrissent de ces poux qui doivent être excellents ; or, comme les bons morceaux ne sauraient être trop nombreux, au dire des gourmands, les Pucerons se multiplient de leur mieux pour servir de régal à ces affamés.

Nous verrons plus loin que les fourmis font grand cas de ces bestioles.

Parmi les générations singulières des Insectes, je ne dois pas oublier de vous mentionner la manière dont se reproduisent certaines Mouches, telles que la Mouche

Elle va pondre sur la viande.

grise rayée de noir, qu'on appelle SARCOPHAGE. Cette Mouche est bien ovovivipare, mais pas à la mode des Pucerons ; elle ne pond pas des mouches, elle pond des larves. Ces larves sont molles, blanchâtres, sans pattes et très remuantes. La peau de cette larve se durcit au moment de la métamorphose et sert, pour ainsi dire, de gaine à la nymphe, autrement appelée Pupe ; cette gaine, d'un brun foncé, se fend au moment voulu ; l'insecte parfait en sort et prend sa volée.

Cette mouche pond sur les animaux abattus, sur les viandes dépecées et dans le fumier.

Les pêcheurs à la ligne donnent à ces larves le nom d'Asticots et les utilisent pour appâter leurs hameçons.

Ces Asticots vivent au grand jour. Ce n'est pas comme les larves d'une autre Mouche, appelée Œstre du cheval. Ces larves passent leur vie dans l'estomac du gros quadrupède et y arrivent par un singulier procédé. La femelle, qui, à l'état parfait, ne vit que peu de jours, va pondre sur le poil des chevaux, dans les endroits à portée de la langue, particulièrement sur les jambes de devant ; elle colle ses œufs au moyen d'un enduit visqueux. Il sort de ces œufs de petites larves qui, lorsque le cheval se lèche, s'attachent à sa langue et de là pénètrent dans son estomac. Une fois dans cet organe, ces larves se développent et deviennent de gros Vers hideux, tout couverts de piquants en forme de couronne.

Lorsque le moment de la métamorphose est arrivé, ces larves replient les épines qui les aidaient à se maintenir et se laissent entraîner avec les excréments.

Aussitôt dehors, elles se glissent dans la terre ; leur peau se durcit ; elles deviennent Pupes, et, au bout de six semaines, Insectes parfaits.

Les Mouches appartiennent à l'ordre des Diptères. Elles semblent créées pour vivre aux dépens de tous les animaux vivants ou morts. Elles rendent de très grands services en ce sens qu'elles travaillent à l'assainissement de l'atmosphère : ce sont des agents de la salubrité publique. Elles font disparaître les matières végétales ou animales en décomposition, et tous les détritus qui peuvent corrompre l'air.

C'est sans doute pour accomplir ce rôle important que ces Insectes sont en si grand nombre et qu'ils se reproduisent avec tant d'activité. Leur génération prompte et leur fécondité ont fait dire au grand naturaliste Linnée que trois Mouches consomment le cadavre d'un cheval aussi vite que le fait un lion.

Quantité de ces Mouches nous rendent des services d'un autre genre : elles sauvegardent nos biens en détruisant les insectes nuisibles à l'agriculture.

Ces Mouches ne dévorent pas ces insectes, ainsi que les dévorent les petits oiseaux, mais elles les font manger par leurs larves : c'est tout comme.

Ces Mouches, appelées ENTOMOBIES, pondent leurs œufs sur les chenilles, comme l'OEstre sur les chevaux. La petite larve qui sort de cet œuf déchire la peau avec ses crochets et s'introduit dans le corps de la Chenille. Une fois au cœur de la place, la petite larve se régale à bouche que veux-tu et mange les amas graisseux de son hôtesse involontaire. Ces larves ont la prévoyance et le talent remarquable de n'attaquer jamais qu'en dernier lieu les organes essentiels à la vie ; de manière que le corps de la Chenille est à la fois leur berceau, leur maison et leur garde-manger.

Que pensez-vous de cette prévoyance et de ce talent ?
Nous serions grandement embarrassés, vous et moi, s'il
nous fallait reconnaître, au milieu des amas graisseux,
les organes de la nutrition, de la circulation et de la respiration des chenilles : n'est-ce pas vrai ?

Les larves d'Entomobies doivent nous trouver bien
ignorants.

La plupart de ces Mouches sont ovipares.

La plus grande partie des sujets qui composent la

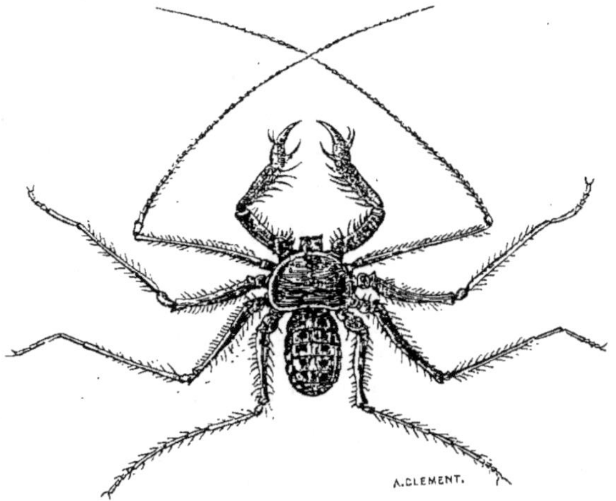

Cette Araignée est très redoutée des nègres des Antilles.

classe des Arachnides pondent des petits vivants. Quelques-
uns n'ont d'abord que trois paires de pattes en venant au
monde et n'acquièrent que plus tard leur quatrième paire.
Les plus importants dans cette classe sont les Scorpions :
ils ont des pinces, comme les écrevisses, et portent à

l'extrémité de la queue un aiguillon qui secrète un liquide venimeux. Quelques espèces de Scorpions, tels que
les Thélyphones, sont dépourvus d'aiguillon ou, s'ils en
sont munis, cet aiguillon n'est point dangereux. Ensuite,
viennent plusieurs espèces d'Araignées, parmi lesquelles
on remarque le Pryné, qui ressemble un peu au Scor-
pion, moins la queue, et qui est très redouté des nègres
des Antilles.

Je ne vous en dis pas davantage sur ces animaux, parce
que j'aurai l'occasion de vous en parler lorsque je m'oc-
cuperai des bêtes venimeuses.

Je ne quitterai cependant pas ces bestioles sans vous
signaler un horrible petit monstre, bien qu'il ne ponde
pas de petits vivants. Il est presque invisible à l'œil nu,
ce qui ne l'empêche pas d'être armé d'épines et de crochets qui se font vivement sentir. Avec ces outils-là, ce
petit être se creuse sous notre peau des galeries dans
lesquelles il vit, lui et sa nombreuse famille. Son travail
nous irrite l'épiderme et nous cause des démangeaisons
insupportables. Cet affreux et gênant petit animal s'appelle Sarcopte; c'est lui qui produit la dégoûtante maladie des gens malpropres, la maladie répugnante qui vous
fait fuir par tout le monde et qui s'attrape en moins d'une
minute : la gale, puisqu'il faut l'appeler par son nom.

— La gale ! brrrou, dit le caporal en se reculant, la
gale nous est donnée par un Insecte ?

— Les Arachnides ne sont pas des Insectes. Autrefois,
on les confondait avec les Insectes; aujourd'hui, ils en
sont séparés et, quoique peu nombreux, ils forment une
classe particulière

C'est dans cette classe que se trouvent les Araignées, les Scorpions et cet odieux petit Sarcopte.

Oui, mon ami, la gale n'est due qu'à la présence de cet acaride fouisseur. Avant l'invention du microscope, on ne savait à quoi attribuer cette maladie, et les infortu-

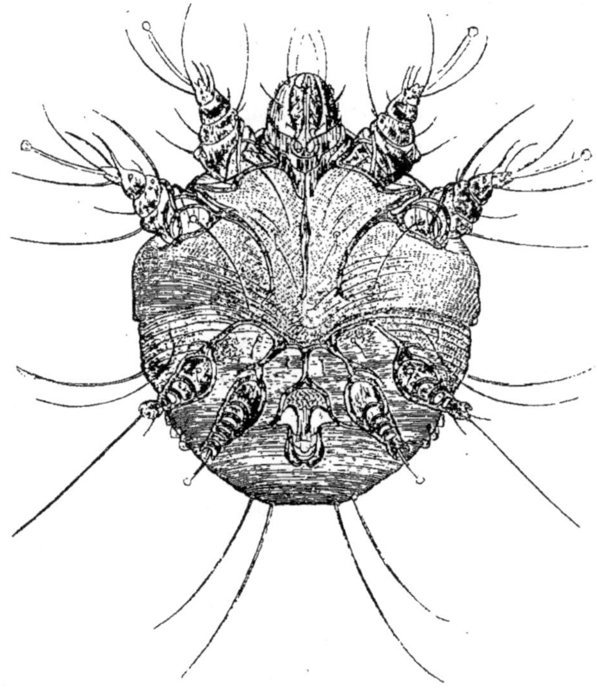

Le microscope nous fait voir des monstres hideux dont on ne soupçonnait pas l'existence.

nés qui en étaient atteints — le nombre en était considérable alors — souffraient pendant des années entières sans pouvoir s'en délivrer. On croyait qu'ils avaient une maladie de peau, et on les traitait un peu comme les lépreux.

Aujourd'hui, grâce à l'optique et à la chimie, on se débar-

rasse du Sarcopte de la gale en quelques heures, au moyen
de frictions énergiques ou de quelques bains sulfureux.

Malgré la simplicité du remède, croiriez-vous qu'on
trouve actuellement en Espagne une classe d'indigents si
abjects, que chez eux la gale est pour ainsi dire héréditaire? L'enfant la contracte en naissant et la conserve
jusqu'à la tombe.

Ce parasite se reproduit par des œufs; mais, avant
d'arriver à l'état adulte, il passe par trois phases de développement. Il a d'abord six pattes et dix épines sur le
dos; après, il a huit pattes et douze épines; enfin, il
gagne encore deux épines et apparaît sous sa forme définitive avec huit pattes et quatorze épines. Les quatre pieds
postérieurs sont terminés par des soies, tandis que les
quatre pieds antérieurs sont munis à leur extrémité de
petites ventouses qui leur permettent de se maintenir sur
les surfaces les plus polies.

On trouve encore quelques sujets ovovivipares dans la
classe des Reptiles et dans celle des Poissons; mais, après
ceux que nous avons vus, ces animaux ne présentent plus
grand intérêt. Pour retrouver des individus à métamorphoses bizarres, il nous faut encore descendre l'échelle des
êtres animés et arriver à la classe des Vers.

Les Helminthes sont des Vers vivant en parasites dans
les intestins des mammifères, qui tous paraissent en nourrir un certain nombre.

Les hommes ont le Ténia, — sans compter plusieurs autres.

Le Ténia, qu'on appelle le plus souvent Ver solitaire, bien qu'il ne soit presque jamais seul, habite l'intestin grêle, où il demeure fixé à l'aide de ses crochets. Il a la forme d'un ruban annelé et peut mesurer dix mètres de longueur. On dirait un cordon plat composé de pièces inégales ajoutées bout à bout et se terminant par un nœud : le nœud, c'est la tête.

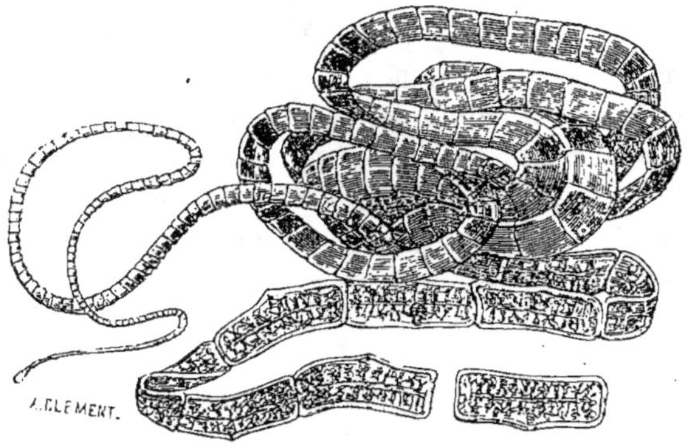

Un cordon plat composé de pièces inégales ajoutées
bout à bout et se terminant...

Le Ténia est un bien singulier animal : il croît sans cesse en longueur, tout en conservant la même dimension ; mais pour cela, il faut qu'il ait acquis son entier développement.

— Oh ! là ! là ! fit le caporal.

— Ce que je dis ressemble à une plaisanterie, et cependant le fait est exact : écoutez bien.

Le corps du Ténia, nous venons de le voir, se compose d'espèces d'anneaux. A partir de la tête de l'animal, naissent sans cesse des anneaux nouveaux qui poussent les anciens et les obligent à descendre ; les plus vieux se détachent du cordon, tombent dans le gros intestin et sont expulsés avec les excréments, comme l'œstre du cheval.

Vous comprenez maintenant le mécanisme : au fur et à mesure que les jeunes anneaux se forment dans la région supérieure, les vieux anneaux qui sont à la queue se détachent et s'en vont. De cette manière, le Ténia garde à peu près la même longueur.

Mais ce n'est pas cela qui est le plus singulier. Les anneaux du Ténia, bien que reliés entre eux, bien que formant un ensemble complet, n'en sont pas moins indépendants les uns des autres, et chacun constitue un animal séparé pouvant se reproduire par des œufs.

Les vieux anneaux du Ténia, lorsqu'ils sortent des intestins, sont toujours remplis d'œufs. La plupart de ces œufs périssent ; d'autres sont entraînés par les eaux pluviales ou demeurent accrochés à quelques brins d'herbe, ou bien encore restent enfouis dans les excréments.

Or, tant que ces œufs sont au grand air, ils ne peuvent éclore : ils ont besoin pour cela de rentrer dans le corps d'un autre animal, carnassier ou herbivore.

A première vue, la chose paraît difficile ; rien de plus simple cependant.

Si les œufs sont restés dans les excréments, ils peuvent être avalés par un porc ; s'ils se trouvent retenus par les plantes, ils peuvent être absorbés par certains ruminants. Ce moment se fait quelquefois attendre longtemps : qu'importe. Les œufs du Ténia ont la vie dure ; ils peuvent éclore une année après leur apparition au grand jour, à ce que prétendent les savants.

Une fois parvenus dans l'estomac d'une manière ou d'une autre, ces œufs éclosent, et il en sort une espèce de larve, un embryon qui traverse les parois de l'intestin et va s'enkyster dans les muscles et le tissu cellulaire. Là, cet embryon se transforme en un individu nouveau, composé d'une tête munie d'une grosse vésicule.

Cet individu, auquel on a donné le nom d'Hydatide, se prélasse dans sa logette et s'amuse à faire rentrer sa tête dans sa vésicule, en attendant un sort meilleur.

Certaines HYDATIDES peuvent nous être rétrocédées par le bœuf. On a constaté que les personnes qui se nourrissent de viande de bœuf crue sont très souvent atteintes du Ténia. Beaucoup d'enfants russes sont dans ce cas. En Abyssinie, où l'on fait usage de la viande crue, presque tout le monde a le Ténia, excepté les Européens et les musulmans, qui ne mangent que des viandes cuites.

Dans notre pays, c'est presque toujours par l'entremise du porc que ce parasite nous arrive.

Vous connaissez la gloutonnerie de cet animal : il fait ventre de tout, et mange avec un égal appétit viande, légumes, grains, insectes, laitage, serpents, fruits, etc. ; il fouille avec bonheur dans les tas d'ordures et ramasse toutes les immondices qu'il rencontre sur son passage.

Le porc, en introduisant dans son estomac un ou plusieurs anneaux du Ténia, se donne lui-même en pâture. En effet, ces anneaux contiennent une grande quantité d'œufs, vous ne l'avez pas oublié ; ces œufs éclosent et donnent naissance à une foule de larves qui, se perforant une route à travers les tissus, vont s'établir dans toutes les parties du corps de l'animal, où elles attendent, en vivant grassement, le moment de leur nouvelle migration.

La chair du porc est parfois tellement infestée par ces parasites, qu'ils déterminent chez leur hôte la maladie appelée *ladrerie*.

C'est en mangeant de la chair de porc ladre qui n'a pas été bien cuite que nous introduisons dans notre estomac quelques-unes de ces bestioles, qui n'attendaient que cette occasion pour accomplir leur métamorphose. Tant qu'elles demeurent dans le corps du bœuf ou du porc, cette transformation ne peut s'accomplir ; une fois parvenues dans nos intestins, ces larves perdent leur forme ovalaire. De leur tête, pourvue d'un cou, bourgeonnent de nouveaux anneaux qui forment ces longs rubans dont les derniers segments se détachent lorsqu'ils sont mûrs, ainsi que je vous l'ai expliqué.

— D'après ce que j'entends, dit le caporal, le porc ne fait que nous rendre ce que nous lui avons donné.

— Votre observation est des plus judicieuses, voisin. Nous reprochons au porc de nous communiquer ces locataires désagréables ; mais en bonne justice, le porc serait mieux fondé s'il nous renvoyait l'accusation. Quel est celui des deux qui a infesté l'autre ? Que dirait le porc, s'il avait la parole ?

Il dirait :

« Je suis un animal immonde, c'est chose convenue depuis la plus haute antiquité ; vous m'appliquez les épithètes les plus infamantes de votre vocabulaire et vous faites de mon nom le synonyme de toutes les bassesses. Soit ! la nature m'a donné des goûts peu distingués et des appétits grossiers, je l'avoue. Comment se fait-il que vous autres hommes, qui vous piquez de délicatesse et

qui connaissez mes habitudes abjectes, vous ayez le triste
courage de vous repaître de ma chair, qui, de tout temps,
a été déclarée impure et malsaine? Vous me mangez de
la tête aux pieds; vous ne laissez rien de ma personne;
vous dévorez jusqu'à mon cuir! Si vous devenez ma-

La nature lui a donné des goûts peu distingués.

lades, n'en accusez que vous-mêmes. Ce n'est pas moi
qui sollicite l'honneur de passer par votre estomac. »

Voilà, j'imagine ce que dom Pourceau pourrait dire
pour sa défense, et dom Pourceau n'aurait pas tort.

— C'est fort bien; mais pourrait-il se défendre d'une
accusation beaucoup plus grave? ne lui reproche-t-on pas
de nous communiquer des Trichines? demanda le caporal.

— Vous avez raison; c'est bien au porc, et peut-être

aussi à Jeannot Lapin, que nous devons ces parasites, infiniment plus dangereux que les précédents.

Les Trichines sont des Vers presque imperceptibles,
ils ont à peine un millimètre de long. Ils se conduisent dans notre corps comme les Hydatides dans le
corps du cochon. Bien souvent on ne constate leur invasion que lorsqu'il n'est plus temps de les combattre.
Six jours après leur introduction dans le canal digestif, les
Trichines femelles pondent des petits vivants qui commen-

Les Trichines pénètrent dans les faisceaux musculaires.

cent aussitôt leurs voyages, percent les parois intesti-
nales et pénètrent dans les faisceaux musculaires, surtout
dans les muscles rouges, le cœur excepté. Sous leur influence, le muscle attaqué perd sa structure.

Leur passage à travers l'intestin détermine parfois une
péritonite intense. Si les Vers sont en grand nombre, ils
provoquent des accidents extrêmement graves, souvent
mortels.

Il est très difficile de constater l'invasion des Trichines,
puisque ces Vers vont se loger dans les muscles et que,
pour constater leur présence, il n'y a pas d'autre moyen

que de fouiller dans la chair vive ; aussi la maladie appelée *Trichinose* fait-elle beaucoup de victimes en Allemagne, où l'on mange presque partout du jambon et des saucissons crus. Dans notre pays, cette maladie est fort rare. Nous avons l'excellente habitude de bien faire cuire la viande de porc, et par ce moyen nous tuons les parasites assassins qui pourraient s'y trouver.

Vous voilà prévenu.

Lorsque vous irez en Allemagne, ne mangez jamais de charcuterie. En France, ne mangez de lapin qu'en gibelotte.

Dans aucun pays, ne mangez de viande crue.

— J'observerai la consigne, capitaine, vous pouvez en être assuré. Vous me donnez la chair de poule avec ces horribles Vers. Si l'on peut échapper à la trichinose en faisant bien cuire la viande de porc, peut-on échapper au Ténia par le même procédé ?

— Certainement. Ni l'un ni l'autre ne résistent à l'eau bouillante, c'est-à-dire à cent degrés de chaleur.

Si, par aventure, le Ténia vous arrivait par l'entremise d'un bifteck mal cuit, ne vous en effrayez pas et allez trouver un médecin. Il vous délivrera, en quelques jours, de ce parasite incommode.

Dans tous les villages il y a de bonnes femmes qui ont des remèdes secrets pour chasser le Ténia ; ne les employez pas. Ces remèdes parfois font expulser du corps deux ou trois mètres du chapelet vivant : voilà tout. On se croit délivré du monstre, mais, au bout de peu de temps, il vous tourmente de plus belle. Tant qu'on n'a pas la tête, on n'a rien, puisque c'est de la tête que naissent les anneaux. Quand on a la tête, on a tout ; car, bien que les anneaux soient pleins d'œufs, ces œufs ne peuvent donner naissance à de nouveaux Vers solitaires qu'en sortant de nos intestins. Avant d'y rentrer, ils doivent faire un stage dans le corps d'un autre animal et y opérer leur transformation larvaire, je vous l'ai dit.

— Si je comprends bien, les Ténias ont une double existence ; ils vivent sous une forme différente dans deux endroits séparés.

— Vous comprenez parfaitement.

Il y a deux genres de Ténias : l'un, pourvu de crochets, se trouve dans le corps des mammifères et des oisaux ; l'autre, sans crochets, vit dans le corps des mammifères herbivores, des batraciens et des reptiles.

L'homme peut les avoir tous les deux.

Le chien nourrit un de ces parasites, dont les derniers segments se détachent et sont expulsés de même que ceux du Ver solitaire de l'homme ; ces tronçons sont remplis d'œufs. Si, par accident, un mouton mange de l'herbe sur laquelle se trouvent quelques-uns de ces œufs, il est perdu. Ces œufs éclosent dans son estomac et donnent naissance à des larves qui, se frayant un chemin à travers les tissus, pénètrent jusque dans le cerveau du quadrupède ; arrivées là, elles se forment des logettes, des espèces de vessies, s'enkystent, comme le font les Hydatides chez le porc ; seulement, au lieu de se répandre dans tout le corps et d'y déterminer la ladrerie, elles se localisent dans la cervelle et provoquent la maladie appelée *Tournis*. Le malheureux mouton, dont la tête sert de pâture à cet affreux parasite, devient comme ivre : il tourne sur lui-même et finit par succomber.

Il paraît que la cervelle du mouton est un friand régal, puisque, indépendamment des Hydatides, les larves de l'OEstre appelé Céphalémye la recherchent avidement. Quand cette mouche voltige et qu'elle cherche à déposer ses œufs dans les narines du mouton, celui-ci secoue la tête,

La Céphalémye.

frappe du pied et se sauve le museau baissé ; souvent, il se frotte le nez contre des mottes de terre, ou le plonge dans un amas de poussière : la vue seule d'une de ces Mouches lui cause une profonde terreur qui n'est que trop justifiée.

Lorsque la Céphalémye a pondu ses œufs dans le nez du mouton, les larves qui sortent de ces œufs pénètrent par les fosses nasales en s'aidant de leurs crochets, et s'avancent jusque dans le cerveau du ruminant.

—— Pourquoi, diable, la nature a-t-elle créé de pareilles vermines qui mangent tout vivants les pauvres moutons ?

— Vous m'en demandez trop, caporal. Il faut croire que c'est indispensable, tout ayant son utilité dans la grande œuvre de la création. D'ailleurs, manger les autres, être mangé soi-même, c'est le sort commun et personne n'y peut échapper. Tous les animaux se mangent réciproquement, c'est la loi générale : de la mort naît la vie. Si vous aviez écouté la poésie que je vous ai débitée tout à l'heure, vous sauriez cela, monsieur le caporal.

— Faites excuse, j'ai très bien entendu ; vous avez dit en manière de conclusion : la mort n'existe pas.

— Fort bien. En vertu de ce principe, la chair du mouton se transforme en gigots et en côtelettes, et sa laine en habits. Ne nous attendrissons donc pas sur sa destinée : il était né pour nous vêtir et nous nourrir ; il ne fait que remplir son devoir de mouton.

Quant aux larves qui le tourmentent, il n'y peut échapper : comme tout animal, il est voué aux parasites.

Nous autres hommes, qui volontiers nous élevons des autels et qui nous croyons de petits dieux, ne sommes-nous pas mangés tout crus par des Ténias et par des Helminthes de cinquante espèces? Les Hydatides, les Larves, les Vers ne nous épargnent guère à l'intérieur ; les Moustiques, les Poux, les Punaises, ne respectent pas davantage notre peau et, pas plus que le nez du mouton, notre nez n'est à l'abri de la familiarité des Diptères.

Une certaine mouche, fort jolie, ma foi, et qui porte le gracieux nom de Lucilie, nous le prouve surabondamment.

⁂

La Lucilie a le corps d'un bleu sombre à reflets pourprés, l'abdomen rayé de bandes noires relevées par un filet d'or, les pattes noires, les ailes transparentes et légèrement enfumées.

Les larves de cette belle Mouche s'introduisent dans nos fosses nasales, s'avancent dans les sinus frontaux et pénètrent quelquefois jusque dans le pharynx qu'elles rongent ; on en voit gagner le globe de l'œil et gangrener les paupières. Les désordres qu'elles causent provoquent une inflammation violente, et la mort souvent, après de longues souffrances.

— Ce n'est pas dans notre pays qu'on trouve de pareilles mouches, n'est-il pas vrai, capitaine ?

— Non, la mouche en question n'habite pas nos contrées. La Lucilie ne se trouve que dans les pays chauds. Elle est commune à la Guyane française et au Mexique. Elle fait beaucoup de victimes, surtout parmi les personnes qui ont l'habitude de s'endormir en plein air.

Certains médecins, non des plus ignorants, prétendent que la folie furieuse et l'idiotisme pourraient fort bien être déterminés par l'invasion dans le cerveau d'un ou de plusieurs parasites à l'état de larves ou d'hydatides. Cela n'aurait rien de surprenant : songez que ces dernières peuvent former des kystes de la grosseur d'un œuf de dinde.

Ainsi s'expliqueraient les accès de fureur subite auxquels s'abandonnent, sans provocation aucune, certains de nos gros animaux domestiques, tels que l'éléphant, le bœuf et le cheval.

Je ne vous ai pas encore tout dit sur les transformations remarquables. Pour en trouver de non moins singulières que celles dont je viens de vous parler, et d'aussi curieuses que la métamorphose complète des insectes, il nous faut descendre encore l'échelle des êtres animés et arriver à l'avant-dernier degré, c'est-à-dire à la classe des Zoophytes ou Animaux-Plantes. Je me bornerai à

vous présenter les types les plus originaux, sans quoi nous
n'en finirions jamais. Tout d'abord, je vous citerai :

La Méduse , dont la forme rappelle certains champignons ou des chapeaux chinois. Ces méduses nagent
librement et flottent entre deux eaux; elles sont fréquemment jetées sur la plage par les vagues, où leur corps gélatineux est bientôt dévoré par les crabes.

Comme un chapeau chinois qui flotterait entre deux eaux.

— Ce sont des Orties de mer dont vous voulez parler ?
s'écria mon interlocuteur ; je ne connais que ça.
— Oui, on les appelle ainsi dans les ports de mer.
Les Méduses se reproduisent de plusieurs manières.
Elles pondent des œufs, mais les jeunes qui sortent de ces
œufs ne ressemblent guère à leurs mères ; ce sont de petites
larves ovales, garnies de soies, ou cils vibratiles, qui les
aident à se mouvoir. Ce sont de véritables larves dans le
genre des larves d'insectes, avec cette différence que pour
se transformer elles ne passent pas par l'état de nymphe.

Les larves de la Méduse, une fois sorties de l'œuf, ne vont pas bien loin; elles nagent pendant deux ou trois jours, puis se fixent à quelque rocher. Une fois fixées, ces larves, au lieu de s'enfermer dans une coque, s'allongent en forme de tige. Cette tige se restreint à la base et se renfle au sommet : cette extrémité s'ouvre; il en sort des mamelons qui grandissent en se ramifiant; finalement, ces larves se transforment en une espèce de végétation qui a une certaine ressemblance avec un plant d'œillet, muni de ses fleurs.

Ce n'est pas tout. Cet animal — il faut bien l'appeler ainsi, puisque c'en est un, malgré les apparences — cet Animal-Œillet se met à bourgeonner comme une véritable plante, et de ces bourgeons sortent des petits qui restent à demeure.

Ce n'est pas tout encore :

A côté de ces bourgeons fixes, dont les petits poussent sur place, se trouvent des bourgeons clos dans lesquels naissent tantôt des larves à cils vibratiles, qui s'en vont ramper sur les rochers et s'y attacher; tantôt de jeunes Méduses parfaites, qui s'en vont flottant entre deux eaux.

Ces Méduses, devenues adultes, pondent des œufs qui se transforment, comme je vous l'ai dit : ainsi de suite. De façon que, dans cette famille, les enfants ne ressemblent jamais qu'à leur grand'mère et que les frères, issus des mêmes parents, sont fort différents les uns des autres.

Cette métamorphose complexe, qu'on appelle génération alternante, est commune à plusieurs zoophytes.

Les Méduses appartiennent à l'ordre des Acalèphes.

— Ça m'est bien égal; mais, vrai, ce sont de drôles de bêtes.

— Passons à un autre type du même genre, qui est placé dans l'ordre des Coralliaires :

Les Polypiers proprement dits n'ont jamais la forme de méduses, mais ils ressemblent souvent à des fleurs : les Actinies, ou Anémones de mer qui tapissent si élégamment les rochers sous-marins de nos côtes, sont dans

On croirait voir des branches d'arbres pétrifiées.

ce cas ; ou bien ils ressemblent à des branches d'arbres dépouillées de leurs feuilles, mais couvertes de fleurs, comme le sont les pêchers à l'époque de leur floraison : de ce nombre est le Corail.

Ce dernier se reproduit aussi de plusieurs manières. D'abord par des œufs, d'où sortent de petites larves ciliées qui nagent librement et qui ne tardent pas à se fixer à des rochers, — de même que les larves de sertulaire ; — ensuite, et principalement, par bourgeonnement. Il pousse sur ces espèces de branches de jeunes Polypes qui restent à demeure et qui ne quittent jamais leur lieu de naissance ;

de façon que, se greffant, pour ainsi dire, les uns sur les autres, ces petits animaux, qui ne dépassent guère trois à quatre centimètres, finissent par former des ramifications considérables.

Nous en reparlerons.

J'arrive au bout de mon rouleau et je vous ai réservé pour la bonne bouche un singulier animal dont les transformations sont encore plus surprenantes que les précédentes.

D'abord, est-ce bien un animal ? Voilà ce qu'on se demande à première vue.

A cette question de prime abord tout le monde répondrait, sans la moindre hésitation : C'est une plante délicate, à tige creuse qui se termine par des rameaux flexibles.

Eh bien, tout le monde se tromperait. Cette plante à tige creuse et à rameaux flexibles est un être animé.

Ceux qui possèdent un aquarium de chambre pourront s'en convaincre. L'animal en question habite notre pays ; il vit dans les mares et les étangs et se trouve souvent fixé sous les lentilles d'eau : on peut donc se le procurer aisément et l'observer de près.

Il porte le nom d'Hydre ou de Polype d'eau douce.

Cet animal — puisqu'animal il y a — n'est pas plus gros qu'un grain de blé. Son corps a la forme d'un tube et n'a qu'une ouverture pour absorber et pour rendre les aliments ; autour de cette bouche se trouvent huit bras ou tentacules, à l'aide desquels l'Hydre saisit sa proie et l'introduit dans son estomac. Elle est extrêmement vorace

et se nourrit de petits vers qui pullulent dans les eaux.
Quand un de ces vers se trouve à sa portée, elle l'enlace
avec ses tentacules et à la manière du Poulpe, dont je
vous parlerai un peu plus tard.

Quand deux Hydres se disputent la même proie, il
arrive souvent qu'elles s'entêtent, — en supposant qu'elles
aient une tête; — la plus vigoureuse a nécessairement le
dessus. Elle avale non seulement la proie disputée, mais

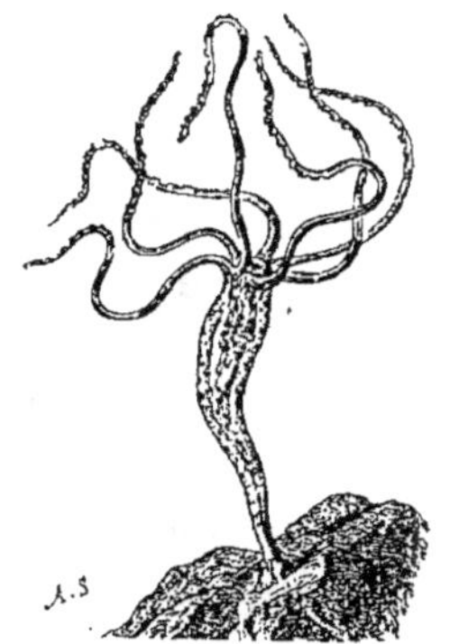

On l'appelle Hydre d'eau douce.

aussi sa rivale. Celle-ci en souffre si peu qu'au bout d'un
quart d'heure elle s'échappe du corps de son ennemie
avec la proie, objet de la querelle.

L'estomac, chez ce zoophyte, ne consiste qu'en une
simple cavité, qui se prolonge dans les tentacules. Cet estomac est des plus complaisants et fonctionne aussi bien
à l'envers qu'à l'endroit : on peut retourner les Hydres
comme la manche d'un habit sans leur causer la moindre
gêne et sans que leur digestion en soit troublée.

Les Hydres peuvent se mouvoir en nageant et en
rampant. Elles demeurent le plus ordinairement fixées
à quelque corps solide, à l'aide de leur pédicule.

L'organisme de ces Polypes d'eau douce est donc à peu près le même que celui des Polypes marins; ils en diffèrent par leurs moyens de reproduction.

Les Hydres se reproduisent par des œufs et par bourgeonnement, comme les autres Polypes; mais elles se reproduisent surtout par séparation et déchirement : elles se fendent d'elles-mêmes, se détachent par lambeaux, et chaque fragment, se reconstituant, devient en peu de temps un animal complet.

Prenez une Hydre et hachez-la menu comme chair à pâté; loin de lui causer aucun dommage, vous ne faites, au contraire, que la multiplier. Au lieu d'une Hydre, vous en avez fait cent ou mille. Aussitôt remis à l'eau, chaque débris se reconstitue et redevient un animal complet, une Hydre nouvelle.

Si, après avoir découpé ce Polype, vous en rapprochez les morceaux, ils s'unissent à l'instant et ne se quittent plus. Si vous introduisez par le pied une Hydre dans le corps d'une autre, les deux corps ne font plus qu'un et les deux individus se trouvent fondus l'un dans l'autre.

***

— Est-il vrai que le Ver de terre qui a été découpé en morceaux forme autant de Vers qu'il y a de fragments? Les fermiers le prétendent, et je ne puis le croire. Ce sont vos Hydres qui me font penser à cela.

— Oui, caporal, les fermiers disent vrai. Le VER DE TERRE, autrement appelé LOMBRIC, possède comme l'Hydre le pouvoir de se reconstituer. Coupez un Ver de terre en quatre, cinq ou dix morceaux, vous en ferez quatre, cinq ou dix Lombrics. Chaque fragment peut continuer de

vivre à la manière du tout et constituer un individu nouveau. (Milne-Edwards.)

Maintenant, descendons le dernier échelon de notre
échelle zoologique et munissons-nous de bons microscopes,
pouvant grossir plusieurs centaines de fois.

Nous voici en présence d'animalcules aquatiques appelés INFUSOIRES.

Si vous le coupez en deux, vous ferez deux Vers.

Nous n'aurons pas besoin de courir bien loin pour nous
en procurer : une seule goutte d'eau croupie en contient
des centaines.

Toutes les espèces d'Infusoires sont loin d'être connues. Celles que nous connaissons ont des formes très
variées et des habitudes fort différentes.

Certains Infusoires ont le corps arrondi et tournent
sur eux-mêmes, comme les roues d'un moulin, à l'aide de
cils vibratiles dont leur corps est garni ; d'autres ressemblent à des tuyaux, paraissent vivre aussi bien à l'endroit
qu'à l'envers, et ils se retournent comme le doigt d'un
gant. Ceux-ci nagent à la mode des serpents ; ceux-là font
des espèces de culbutes ; la plupart se divisent le corps en

plusieurs fragments et chacun de ces fragments continue de vivre, devient un nouvel individu qui se reproduit
de la même manière.

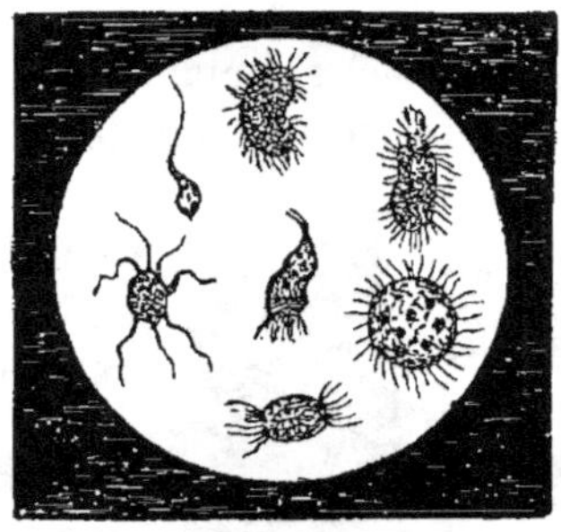

Une seule goutte d'eau croupie en contient...

De même que chez les animaux supérieurs, on trouve
dans ce petit monde des espèces carnassières. Certains
Infusoires se livrent des combats acharnés et, comme

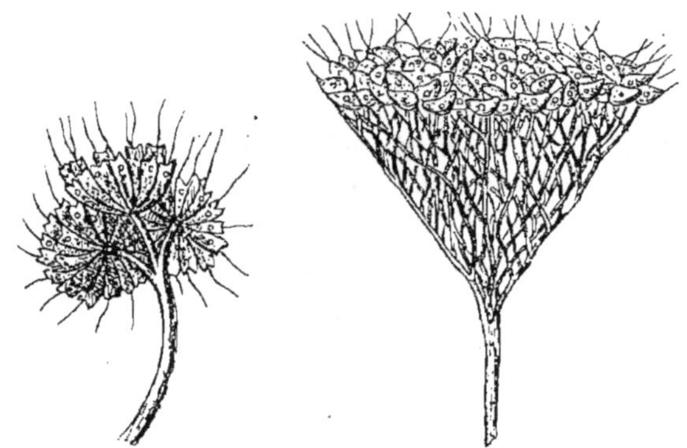

Des formes les plus bizarres...

partout, le faible devient la proie du plus fort. Plus
heureux que les gros animaux, qui cessent de vivre quand
ils sont dévorés, l'Infusoire non seulement sort indemne
du corps de son ennemi, mais il peut encore en sortir

avec deux ou trois compagnons, autres lui-même, si son adversaire, en le croquant, l'a déchiré en trois ou quatre morceaux.

Ce n'est pas seulement dans les eaux stagnantes qu'on rencontre des Infusoires ; on en trouve aussi dans la colle de farine aigre, dans la levure de bière, dans le vinaigre, dans beaucoup de fermentations, dans la décomposition de chairs musculaires et autres corps organisés et dans la désagrégation des matières végétales.

Plusieurs naturalistes supposent que les Infusoires naissent spontanément, mais ce n'est là qu'une supposition, attendu que rien ne vient de rien.

Les Infusoires sont des animaux au même titre que les autres ; la plupart se reproduisent au moyen d'œufs et aussi par division.

Ces petits êtres jouent un rôle important dans le monde, et leur influence a déjà été constatée en bien des circonstances. N'est-ce pas à la présence d'une espèce, appelée Monade, dont le corps est rouge, qu'on doit la couleur de sang qu'on remarque dans beaucoup d'étangs ? N'est-ce pas à la présence de milliards de milliards d'animalcules appelés Noctiluques qu'on attribue la phosphorescence de la mer ?

Les Infusoires les plus connus sont désignés sous les noms de Rotifères, Vorticèles, Monades, Amibes, etc., etc. Ils ont tous une certaine analogie avec les larves des Zoophytes et des Spongiaires. Ils sont remarquables par la cavité de leur corps qui leur tient lieu d'estomac.

Le plus grand nombre subissent des métamorphoses.

Ces animalcules sont l'objet d'une constante étude de

la part des naturalistes et des médecins; ces derniers les accusent, avec raison, de n'être pas étrangers à plusieurs de nos maladies.

Les Infusoires, comme les Zoophytes, forment le trait d'union entre les plantes et les animaux. Plusieurs d'entre eux, classés d'abord dans le règne animal, ont été

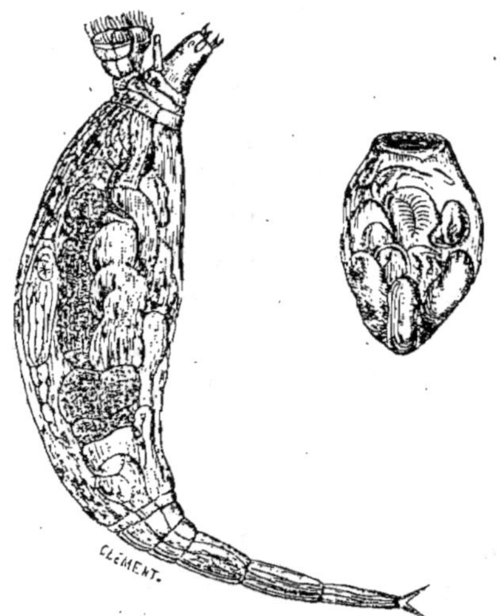

Vus au microscope, ces Infusoires présentent...

reconnus pour des végétaux; d'autres, tels que les Amibes et les Bactéries, sont douteux et les savants ne sont pas d'accord sur leur nature. Cela n'a rien de surprenant : la simplicité des organes de la plupart des Zoophytes les rapproche singulièrement des végétaux. Les Éponges n'ont-elles pas été considérées comme matière végétale pendant des siècles? Avant Decaisne, la plante appelée Coralline blanche était regardée comme un Polypier.

Le mouvement dont sont doués les Infusoires et les Zoophytes n'est pas une preuve suffisante pour les faire admettre d'emblée parmi les animaux : n'y a-t-il pas des plantes qui sont aussi douées de mouvement ? N'avons-nous pas des légumineuses, telles que le Biophyte et la Sensitive, qui replient leurs folioles et leurs pétioles au moindre contact étranger ?

Le Démosdé tourneur, espèce de sainfoin, a des feuilles qui se tordent d'elles-mêmes, et ce mouvement rapide et saccadé s'exécute nuit et jour.

La Dionée fait mieux : elle attrape des mouches. Les

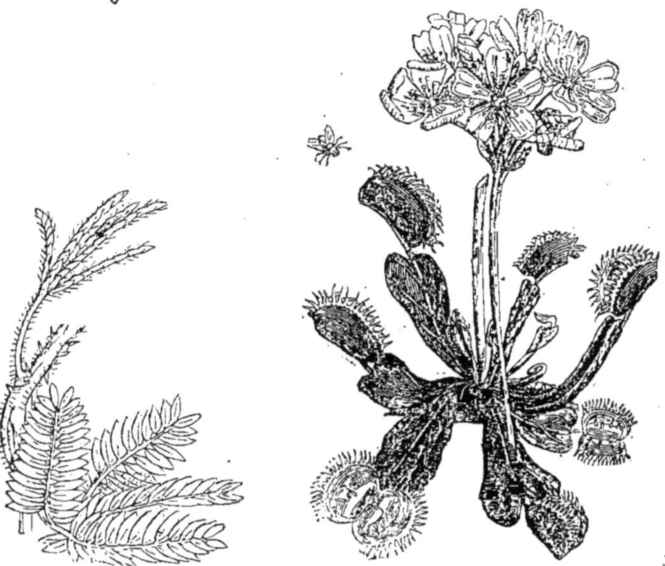

Dès qu'on la touche, elle replie ses feuilles.

Les deux lobes se referment et la mouche
est prise.

lobes des feuilles de cette herbacée se rapprochent brusquement au moindre contact. Lorsqu'un insecte s'y pose, les deux lobes s'appliquent l'un contre l'autre, se croisent et retiennent la bestiole prisonnière ; plus elle se débat, plus la pression augmente ; on déchirerait plutôt cette pince végétale que de séparer les lobes fermés. Aussitôt que l'insecte a cessé de vivre ou de s'agiter, ces lobes se rouvrent et reprennent leur position ordinaire.

Les spores de beaucoup d'algues et celles de plusieurs champignons nagent dans le liquide ambiant au moyen de cils vibratiles, ni plus ni moins que des Infusoires ou que des larves de Zoophytes.

L'espèce de champignon que les savants appellent Myxomycète offre pendant une certaine partie de son existence les caractères essentiels de l'animalité. Le Myxomycète se meut en rampant; il mange comme un Amibe et donne des preuves de sensibilité; mais, en d'autres temps, il se comporte comme un végétal.

Ces champignons formeraient donc le trait d'union direct entre le règne animal et le règne végétal, puisqu'ils participent des deux modes d'existence.

Il semble que tout s'enchaîne dans la nature et que les trois règnes se touchent en plus d'un endroit. Les liens qui les unissent ne sont pas toujours faciles à saisir, parce que la nature procède sans brusquerie, sans points d'arrêt, pourrait-on dire, comme un tisserand qui travaille des étoffes diverses avec un fil continu.

Les animaux se joignent intimement aux végétaux par les Zoophytes et les Infusoires, et aux minéraux par les Mollusques à coquille et les Crustacés. Les organes des plantes et des bêtes renferment d'ailleurs des substances minérales; les animaux eux-mêmes produisent des minéraux : les coquilles d'œufs sont de pur calcaire.

Mais, allez-vous me dire, les oiseaux ne produisent point de calcaire; ils l'empruntent aux pierres du chemin, se l'assimilent et l'élaborent dans leur estomac, de même que les abeilles élaborent la cire qu'elles trouvent sur les plantes. — Qu'importe! l'intimité n'en existe pas moins entre les trois règnes.

Mais, allez-vous me dire encore, entre la matière inorganique et les corps organisés, il y a.....

— Moi, je ne dis rien, me fit observer le caporal en dissimulant un bâillement.

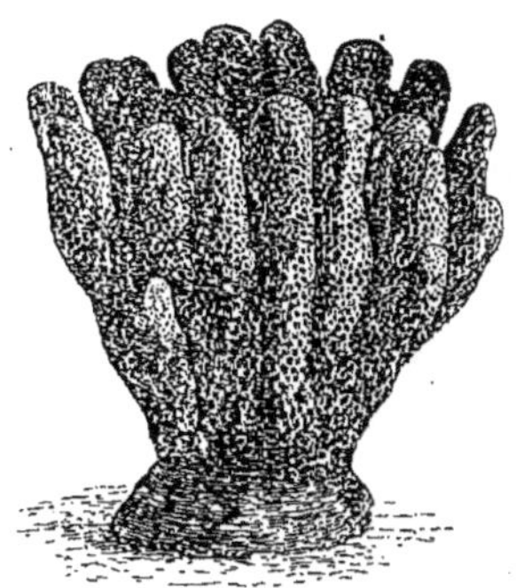

Elle n'a aucune forme déterminée.

On se demande si ce sont là des animaux.

— Pardon, mon ami ; vous avez bien fait de m'interrompre, je m'écartais de mon sujet. Je vois que vous avez hâte d'en entendre la fin : je termine en quelques mots.

Les Infusoires, de même que les Hydres, se reproduisent par des œufs et par fractionnement, — par fissiparité, disent les naturalistes. Les Infusoires, ces infiniment petits, sont certes très curieux par leur taille microscopique, leurs mœurs singulières, leur nombre incalculable et surtout par le rôle, non encore bien défini mais fort important, qu'ils remplissent dans le monde. Cependant je ne vous les aurais peut-être pas signalés aujourd'hui, sans l'étrange privilège dont ils jouissent et que je tenais à vous faire connaître pour compléter ma série des transformations anomales.

Les Infusoires, ces êtres qui sont au bas degré de l'animalité, n'en possèdent pas moins une précieuse faculté que les animaux des classes supérieures pourraient leur envier, et moi tout le premier. Les Infusoires peuvent ressusciter, ou du moins peuvent conserver la vie, hors de leur milieu naturel, pendant un temps considérable.

Cette faculté merveilleuse, et qui leur est particulière, a été l'objet de maintes discussions entre les savants; aujourd'hui, elle ne saurait plus être révoquée en doute. Au moyen d'un microscope, chacun peut s'en convaincre par l'expérience suivante :

Mettez un peu d'eau croupie dans un verre à boire, assurez-vous que cette eau contient un grand nombre d'animalcules, couvrez le verre, exposez-le au soleil pendant tout l'été. Vous croyez, sans doute, que les Infusoires contenus dans le verre sont desséchés, brûlés, réduits en poudre, évaporés? Erreur. Humectez le fond du verre, déposez une goutte de cette eau sur la plaque du microscope et vous verrez nager, rouler, cabrioler, se manger mutuellement les Infusoires, comme s'ils n'avaient jamais été interrompus dans le cours de leur existence et comme s'ils sortaient à l'instant de la mare.

Que pensez vous de cette résurrection, caporal?

— Je pense qu'après un pareil phénomène il faut tirer l'échelle et ne plus jamais lire de contes de fées.

— Voilà qui est parler d'or, voisin. Sur ce, allons dormir.

LES OUVRIERS

J'étais fort occupé à greffer des rosiers, lorsque je vis apparaître au bout du jardin le caporal, tenant par l'oreille un garçonnet de huit à dix ans, qui, lui, tenait un nid dans sa main.

J'étais fort occupé à greffer des rosiers, lorsque....

Au fait, vous ne connaissez pas le caporal. Il faut cependant que je vous le présente.

Il se nomme Baptiste Vincent. C'est un ancien soldat d'infanterie de marine qui, après vingt-cinq années de loyaux services et d'excursions lointaines, est revenu dans son petit village se reposer de ses fatigues et jouir en paix des sept cent trente-huit francs quarante centimes que lui sert l'État à titre de retraite.

Pendant ces vingt-cinq années, Baptiste a appris bien des choses. Il apprit d'abord à devenir un homme courageux, honnête et dévoué. Il apprit ensuite à lire et à signer son nom, voire à formuler quelques phrases sur les pages blanches de son livret.

Voilà pour les qualités solides; passons aux talents d'agrément.

Baptiste qui, paraît-il, sifflait à merveille dans sa jeunesse, art qu'il avait cultivé en gardant les bestiaux, attira l'attention du chef de musique, dès son entrée au régiment.

Le chef de musique le fit siffler dans une trompette. Baptiste siffla, tant et si bien qu'il fut incorporé dans la fanfare et, après quinze années d'études et d'exercices, promu au grade de caporal clairon.

Quand Vincent revint au village, il ne trouva plus un seul de ses anciens camarades : les uns étaient morts, les autres dispersés.

Pendant les premiers mois, le caporal essaya de vaincre son ennui en jouant toutes les marches, les sonneries d'ordonnance et les airs variés de son répertoire; mais, à part les gamins qui trouvaient cette musique ravissante, personne n'applaudit le virtuose.

Baptiste, piqué dans son amour-propre d'artiste et ne trouvant à qui parler, allait probablement quitter son village pour jamais, lorsqu'à la suite de je ne sais quelle inspiration il me fit l'honneur de jeter les yeux sur moi.

Il vint me demander la permission de cultiver mon enclos, à titre gracieux; j'acceptai sa proposition et, au même titre, je lui abandonnai la jouissance du pavillon qui se trouve dans cet enclos.

C'est ainsi que le caporal devint mon jardinier bénévole, mon locataire sans loyer et, plus tard, mon compagnon assidu, mon auditeur complaisant et, pourquoi ne
pas le dire? mon ami.

Baptiste Vincent est bien certainement un des meilleurs
hommes du monde; mais, comme tous les hommes, même
les meilleurs, il a ses défauts. D'abord il a une manie
dont je ne parviens pas à le corriger : malgré mes remontrances, il m'appelle toujours « mon capitaine ». Ensuite,
il est possédé de l'ardent besoin de parler politique; il
en parle aux gens du village, à leurs femmes, à leurs enfants, aux passants qu'il rencontre en chemin; il en parle
même à ma bonne vieille Gertrude, qui est plus sourde
qu'un pavé et qui sourit quand elle voit remuer les lèvres, pour faire croire qu'elle comprend.

Le caporal aurait bien voulu m'en parler aussi.
N'entendant rien à l'art de gouverner les hommes, je l'ai
prié de ne point aborder ce sujet de conversation. Il me
raconte ses voyages et ses longues stations dans les colonies,
et moi, en retour, je lui raconte le peu que je sais touchant l'histoire des bêtes. Le caporal semble s'intéresser
vivement à mes récits et m'écoute avec une attention
soutenue dans laquelle il entre, je crois, un peu de complaisance.

Pour l'en récompenser, je me dépars quelquefois de
ma sévérité et je le laisse débrouiller à sa fantaisie les
complications européennes.

Je le suppose un peu entaché de socialisme, de socialisme de bon aloi, bien entendu. Il veut rendre tous les
hommes heureux, et particulièrement les Français; il ne
demande rien pour cela. Il ne lui faudrait, pour accomplir ce prodige, que l'espace de dix-huit mois — c'est

7

son chiffre. — Qu'on lui permette d'occuper le trône de la république pendant ce temps, et l'on verra.

En attendant sa nomination, le caporal s'est fait le vigilant gardien de nos bois, de nos haies et de nos vergers. Connaissant mon culte pour les petits oiseaux, il veille sur eux et traque les dénicheurs sans pitié ni merci.

L'enfant que le caporal faisait comparaître devant moi n'appartenait pas à la commune. Jugeant par la rougeur de ses oreilles qu'il avait été suffisamment corrigé, je lui fis quelques menaces de ma grosse voix, et je lui rendis la liberté.

UN NID D'OISEAU

Prenant le nid que l'enfant avait laissé sur le banc, je dis au caporal :

— Avez-vous jamais examiné de près un nid d'oiseau ?

— Vraiment non, répondit-il. Quand j'étais moutard, je faisais ce qu'a fait le gamin qui sort d'ici : je m'emparais des oisillons, sans trop m'occuper de leur nid.

— Eh bien, caporal, examinez celui-ci. Voyez comme il est bâti. Je vous assure qu'à nous deux nous serions bien embarrassés s'il nous en fallait faire autant.

Peut-on croire que ce travail compliqué est l'œuvre d'un chétif passereau ? L'ingénieur le plus habile, l'artiste le plus adroit, même à l'aide d'outils et de machines, ne parviendraient pas à confectionner ce nid que l'oiseau construit sans autres instruments que son bec et ses pattes.

— Il est de fait qu'il y a toutes sortes de marchandises dans ce nid et qu'il paraît joliment entortillé.

— Les matériaux que l'architecte ailé emploie le plus ordinairement sont de la mousse sèche, arrachée aux troncs d'arbres ; des flocons de laine, recueillis sur les ronces et les buissons ; des crins, trouvés dans les pâtu-

Sans autres instruments que son bec et ses pattes, il se bâtit un nid.

rages ou dans les écuries ; de la paille, du foin, de l'écorce, de menues branches, des plumes, etc.

Avec ces matériaux, qu'il sait entrelacer de mille façons, l'oiseau se bâtit un nid commode et toujours approprié à son genre d'existence.

Tous les oiseaux de la même espèce construisent des

nids absolument semblables et emploient les matériaux
et les procédés en usage dans leur famille. Ils appliquent
ces procédés, de génération en génération, sans jamais
rien y modifier.

Nous autres, qui nous croyons supérieurs en toutes
choses, nous ne pouvons bâtir qu'après avoir fait un long
apprentissage. Nous ne devenons pas du premier coup architectes, maçons, charpentiers, tisserands, tapissiers, etc.
Ce n'est qu'après avoir dessiné, gâché, haché, cousu,
durant plusieurs années, que nous sommes suffisamment
instruits pour élever quelques grossières constructions et
les embellir. Encore faut-il nous réunir en grand nombre;
nous ne saurions, malgré toute notre intelligence, exer-
cer trente-six métiers à la fois.

Mieux doués que nous, les oiseaux sont ouvriers de
naissance; ils possèdent, sans jamais les avoir appris, une
foule de talents que nous n'acquérons qu'à force de patience et d'étude, quand nous les acquérons.

Sans avoir été à l'école, sans même avoir reçu des le-
çons de leurs parents, les oiseaux savent tailler, rogner,
tisser, maçonner, coudre, rembourrer, feutrer, calfa-
ter, etc. Sans être guidés par les conseils de l'expérience,
ils savent choisir l'emplacement qui convient le mieux à
leurs nids, et ils prennent une foule de précautions, dont
ils ne connaissent probablement pas d'avance toute l'utilité, mais qui sont indispensables pour mettre leur couvée
à l'abri du danger.

Si tous les nids d'oiseaux de même espèce sont bâtis
sur un plan uniforme, ils diffèrent singulièrement d'une
espèce à une autre espèce, et sont placés suivant les
mœurs propres à chaque race.

Certains nids sont posés tout simplement sur le sol; d'autres sont enfouis dans le creux des rochers; on en trouve sous le toit des maisons, dans les clochers des églises, dans les buissons, au milieu des herbes, etc. La plupart sont établis sur des branches d'arbre et dissimulés sous le feuillage.

Les hommes affichent un grand luxe extérieur dans la construction de leurs demeures et les placent le plus en vue possible. Les oiseaux se gardent bien d'imiter ce vaniteux exemple; ils cherchent, au contraire, à dérober leurs nids aux regards indiscrets. Ils savent, probablement, que le luxe excite l'envie et que des envieux on a tout à redouter. Ils savent probablement aussi que l'apparence ne fait pas l'aisance, et que tel qui habite une maison à façade sculptée n'a souvent qu'un mauvais lit pour se reposer.

Pour ce motif ou pour d'autres, l'oiseau dédaigne l'ostentation et sacrifie tout au confortable de son intérieur. Mais aussi comme il est doux, comme il est chaud, comme il est bien capitonné cet intérieur! on sent que l'amour maternel a présidé à la construction de ce petit chef-d'œuvre, et que rien de ce qui peut le rendre agréable n'a été oublié.

En effet, ce n'est pas pour loger sa personne que l'oiseau se donne tant de peine; il n'a que faire d'une maison. Le feuillage lui offre un abri suffisant, et, comme il aime à voir le ciel en ouvrant les yeux, il se perche tout simplement sur les arbres et sur les buissons, qui semblent n'avoir de rameaux et de branches que pour lui servir de reposoir.

L'asile qu'il bâtit avec tant d'art et de soin est destiné à ses petits. Vous comprenez, dès lors, pourquoi l'oiseau tapisse ce nid avec de molles substances: ne faut-il pas

qu'il soit douillet, ce berceau? Ses petits sont si délicats,
si mignons, que la moindre rugosité pourrait les blesser;
aussi tout y est-il bien aménagé. Je vous assure que jamais
fils de prince n'eut un pareil berceau; de même, jamais
mère de prince ne s'occupa du logis de ses enfants avec

Il faut que le berceau soit bien douillet : ses petits sont si délicats, si mignons!

autant de sollicitude que la maman des petits oiseaux.
Est-ce une princesse, ou toute autre dame, qui s'arra-
cherait les cheveux pour en tapisser le lit de ses enfants?

Vous connaissez, caporal, cette légère et chaude couverture sous laquelle les personnes frileuses se blottissent
durant les nuits d'hiver, et vous n'ignorez pas qu'elle est

faite avec le duvet moelleux d'une espèce de canard sauvage appelé Eider? Eh bien, ce duvet moelleux, cet édredon, — c'est ainsi qu'on le désigne, — nous le devons à
l'amour paternel et maternel des époux Eiders.

Ces oiseaux bâtissent leurs nids dans les anfractuosi-
tés des rochers qui bordent le rivage des mers arctiques
et tapissent ces nids avec des plumes qu'ils s'arrachent du
ventre et de la poitrine : c'est là de l'affection, n'est-il
pas vrai? Presque tous les parents travaillent au bonheur

C'est lui qui nous fournit le chaud duvet...

de leurs enfants et leur font journellement le sacrifice de
leur repos, de leur bien-être et de leurs plaisirs ; mais se
plumer jusqu'au vif pour rendre le berceau de ses petits plus moelleux et plus douillet, c'est pousser le dévouement jusqu'à ses dernières limites.

— Il faut être canard pour avoir pareille vertu, dit le
caporal, en riant de sa plaisanterie.

— Ce qu'il y a d'indigne, c'est que les habitants du
pays exploitent la tendresse de ces trop généreux Eiders.
Ils s'emparent de leurs dépouilles deux fois par saison :
avant la ponte et après le départ des petits. La première
récolte est une mauvaise action. Elle oblige les Eiders
à recommencer leur nid, c'est-à-dire à se plumer une

seconde fois et à se dépouiller de tout ce qui leur reste de duvet sur le corps.

Il faut dire, pour la justification de ces dénicheurs, que leur métier est fort périlleux. On ne récolte pas l'édredon comme on cueille des noisettes, puisque les nids de ces canards se trouvent dans les creux de rochers battus par la mer. Les dénicheurs sont donc obligés de descendre du haut des rochers au moyen d'une corde et de travailler suspendus au-dessus de l'abîme.

Si la corde casse.....

Il faut ajouter — toujours pour justifier la mauvaise action — que les dénicheurs nourrissent leur famille du produit de cette industrie. Ce n'est pas pour se procurer une plus chaude couverture qu'ils risquent de se briser les os : c'est pour donner du pain à leurs enfants.

Il y a de par le monde une foule de pauvres diables qui exposent ainsi leur vie, afin de procurer aux autres toutes les commodités possibles.

— C'est vrai, s'écria Baptiste, les uns ont trop, et les autres...

— Cher caporal, je crois que vous allez parler politique. Revenons bien vite à nos architectes ailés.

Parmi les plus habiles et les mieux avisés, il faut citer le BAYA, petit oiseau de l'Inde qui ressemble à notre bouvreuil.

Le nid que bâtit le Baya a la forme d'une poire. Il est divisé en deux compartiments. L'un de ces compartiments est réservé à la femelle qui couve, et l'autre au mâle qui chante pour la distraire. L'ouverture de ces chambres est placée en dessous du nid, et les propriétaires

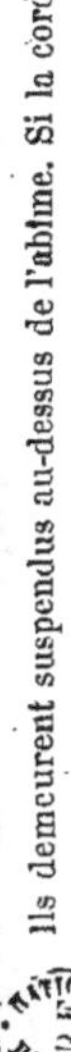

Ils demeurent suspendus au-dessus de l'abîme. Si la corde casse.....

eux-mêmes ne peuvent y pénétrer qu'en voltigeant.
Ce nid est fixé à l'extrémité des lianes les plus flexibles ; de
façon que les singes, les serpents, les écureuils ne sauraient l'atteindre.

La Penduline ou Remiz, espèce de mésange, possède
le double talent de filateur et de tisserand. Avec des
chatons de saule et de peuplier et avec des fleurs de
chardon, elle file et tisse, pour façonner son nid, une espèce de feutre très résistant. La trame de ce tissu est
composée de substances ligneuses fort solides.

La petite fauvette du Bengale appelée Couturière possède également l'art de filer, mais elle ne sait pas tisser.
En revanche, elle coud à merveille et profite de son talent
pour abriter ses petits contre la trop vive ardeur du soleil
et contre les ravageurs de nids d'oiseaux, qui sont nombreux en tout pays. A cet effet, elle réunit plusieurs
feuilles d'arbre, les coud ensemble et forme ainsi une
espèce de cornet dans lequel ses petits trouvent un abri
confortable et sûr.

La Bousserole fixe son nid au milieu des roseaux et
le maintient suspendu entre les tiges au moyen d'anneaux
de jonc. Ce qui permet à ces herbes flexibles de se cour-
ber au souffle du vent sans rompre le nid qu'elles recèlent.
La Bousserole connaît, paraît-il, le maximum que

peut atteindre la crue des eaux : son nid est toujours placé à l'abri des inondations.

Les Toucnams courvis, des Philippines, qui se rapprochent de nos moineaux, suspendent aussi leurs nids à l'extrémité des branches les plus flexibles, afin de les soustraire à la voracité des animaux de proie. Ce nid se compose d'un long couloir qui a parfois un mètre de longueur et qui conduit à trois ou quatre chambres, situées les unes au-dessus des autres, comme autant d'étages. L'entrée du couloir regarde le sol.

Le nid des Toucnams, véritable appartement, est à l'usage de plusieurs couples.

Un autre nid dont l'ouverture est également pratiquée en dessous est celui du Tisserin, qui habite l'Inde et l'Afrique, et qui appartient à la famille des tisserands. Ces oiseaux vivent en société assez nombreuse et suspendent leurs nids, côte à côte, à des rameaux qui ont juste assez de force pour les supporter.

Le nid du Tisserin comporte aussi un couloir qui sert d'antichambre. Sa forme générale rappelle un peu la figure d'un pistolet suspendu par la crosse.

Les Républicains, oiseaux du même pays et cousins des précédents, se réunissent en grand nombre et bâtissent leurs nids à côté les uns des autres sous un abri commun.

Ces nids, ainsi accolés, présentent l'aspect d'un village : il n'y manque que le clocher.

Toucnams, Tisserins, Républicains, aiment les sociétés bruyantes et vivent à la mode bohémienne, un peu les uns chez les autres, puisque plusieurs ménages occu-

Ils vivent à la mode bohémienne, et plusieurs ménages occupent le même abri.

pent un même abri. Cette existence peut avoir ses charmes, mais elle n'est pas sans inconvénients. Ce doit être passablement gênant de se trouver en contact perpétuel avec ses voisins et de ne pouvoir rien dire entre soi qu'en se parlant à l'oreille.

Malgré cette incommodité, combien je préfère cette manière de vivre à celle des Anis, de l'ordre des Grimpeurs !

Les Anis sont de véritables communistes : ils pondent et couvent ensemble dans un même nid, qui est suffisamment vaste pour contenir toute la compagnie.

Dans ce logis, placé entre des branches, on ne connaît ni « le tien » ni « le mien ». Les couples ne couvent pas leurs propres œufs, suivant la coutume générale. Ces œufs, ayant été pondus un peu au hasard dans le grand nid, sont confiés aux soins de tous les associés, qui se chargent de les faire éclore. Ni les parents ni les enfants ne se connaissent dans cette communauté : les sentiments, comme les biens, n'ont rien de personnel.

C'est une association à faire pleurer de joie les disciples de feu Cabet.

Les Tisserins et les Républicains me rappellent nos amies les Hirondelles qui, chaque année, nous reviennent avec les beaux jours. — Ces oiseaux familiers aiment l'homme et recherchent sa présence.

Ce sont de maîtres ouvriers dans l'art de la maçonnerie, et nul mieux qu'eux ne sait travailler ce qu'en terme de métier on désigne sous le nom de pisé.

Leur nid, fait de brins de paille, de mousse sèche, de menu bois, est enduit extérieurement d'un mortier composé de terre délayée, de sable et de salive. Cette construction est tellement solide qu'elle peut résister aux injures du temps pendant plusieurs années.

L'Hirondelle de cheminée bâtit son nid au-dessus de celui qu'elle avait établi l'année précédente.

L'Hirondelle de fenêtre rentre tout simplement dans son ancien nid, après l'avoir remis à neuf.

Un naturaliste italien, Spallanzani, rapporte qu'il a vu pendant dix-huit années consécutives le même couple revenir à son ancien domicile. Ce fait indique que l'Hirondelle a l'amour de la propriété. Il est certain qu'elle ne tolère aucun oiseau étranger dans son voisinage immédiat. Si quelque mauvais sujet, comme on en rencontre dans toutes les classes de la société, veut s'emparer de son nid, elle sait parfaitement l'en expulser; elle sait aussi le punir, s'il ne veut pas quitter le place, ainsi que je vous le raconterai tout à l'heure.

A propos d'Hirondelles, je ne dois pas oublier de vous mentionner la Salangane qui habite les îles de l'archipel Indien. Vous avez entendu parler, sans doute, de ces fameux nids d'hirondelle si chers aux gourmets du Céleste Empire?

— J'ai fait mieux qu'en entendre parler, répondit le caporal, j'en ai mangé, quand j'étais à Saïgon.

— Est-ce bon?

— Heu, heu! pas trop fameux.

— Je crois bien, caporal, qu'on vous a fait manger de la fécule accommodée avec de la gélatine. C'est le mets que les restaurateurs indigènes servent aux étrangers sous le nom de nids d'hirondelle.

— C'est bien possible : je n'ai pas vu de nids.

Le nid des Salanganes, vous le supposez bien, n'est pas bâti avec de la paille et de la boue et autres matériaux employés par les Hirondelles de notre pays.

Ces nids, d'après l'opinion de quelques naturalistes, sont faits avec de la moelle de certaines plantes, du frai de poissons, des matières gélatineuses et des baumes aro-

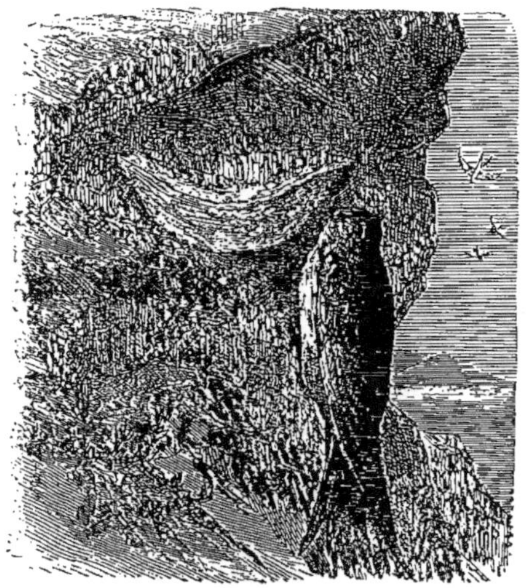

Leur nid, fixé aux rochers, a la forme d'un bénitier.

matiques de plusieurs arbres. D'autres savants préten-dent que ces nids sont bâtis avec une matière visqueuse qui provient des glandes salivaires de l'oiseau. Ce qu'il y a de certain, c'est que ces nids sont formés d'une substance transparente et jaunâtre analogue à la colle de poisson.

Ces nids ressemblent à de petits bénitiers, et se trouvent, en très grande quantité, fixés aux parois des grottes et des rochers qui bordent le rivage de la mer. Les murailles en sont tapissées, mais à une si grande hauteur que, pour s'en emparer, il faut recourir aux moyens gymnastiques employés par les dénicheurs d'édredon.

Les nids de Salangane font l'objet d'un commerce important. Ils sont estimés d'après leur transparence et leur goût. Avant de les servir, on leur fait subir pluieurs lavages à l'eau froide; ensuite on les fait dissoudre dans de l'eau bouillante; cela produit un potage épais dont mesdames les Chinoises se montrent friandes.

Ce mets doit être délicieux, puisque les nids de qualité supérieure se vendent au poids de l'argent.

Ce sont les Passereaux, particulièrement les Oiseaux chanteurs, qui déploient le plus d'industrie dans la construction de leurs nids. Ces aimables et utiles petits oiseaux ont beaucoup d'ennemis à redouter, et ils ne possèdent que leur adresse et leur agilité pour tout moyen de défense.

Les Rapaces, les Échassiers, les Palmipèdes, les Gallinacés et même les Grimpeurs construisent leurs nids assez grossièrement. Il faut remarquer, toutefois, qu'ils sont toujours placés dans les endroits les plus favorables à leur future famille.

Les grands oiseaux de proie, tels que l'Aigle, le Condor, le Vautour, assemblent quelques branches sèches, et voilà leurs nids faits. Ces puissants rapaces établissent leur aire sur les pics des montagnes et sur les rochers inaccessibles.

La plupart des Palmipèdes, surtout les Plongeurs, tels que le Pingouin, le Manchot, etc., ne se donnent pas beaucoup de peine pour construire leurs nids. Ils se contentent de fourrer quelques brins de joncs et d'herbes sèches dans le creux des rochers ou, plus simplement, de creuser un trou dans le sable.

Les Échassiers de rivage : Hérons, Grues, Cigognes, etc., sans montrer autant de négligence, construisent généralement leurs nids avec de grossiers matériaux.

Parmi ces Échassiers, il faut distinguer le FLAMANT, le plus haut monté de l'espèce. Comme il ne peut se coucher facilement, à cause de la longueur de ses jambes, il construit son nid sur le sol et l'élève à la hauteur de son corps, de manière qu'il peut couver les jambes inclinées et les pattes reposées sur terre. De loin, on jurerait qu'il est assis sur une borne.

La PIE, bien qu'appartenant à l'ordre des Passereaux, bâtit son nid fort grossièrement et va le placer à l'extrémité des plus hauts arbres et, de préférence, au sommet des peupliers.

Ce n'est pas la négligence qui lui fait hérisser d'épines l'extérieur de son logis ; c'est, au contraire, une excessive prudence : elle redoute les dénicheurs, et ce n'est pas sans motif.

La Pie, faut-il le dire, n'est pas un honnête oiseau. C'est une voleuse, une détestable voleuse, qui pille sans aucune nécessité, et rien que pour le seul plaisir de s'emparer du bien d'autrui. Elle dérobe les chaînes de montre, les bagues, les diamants, les couverts d'argent, les parures de jais, les colliers de perles et jusqu'aux simples verroteries. Tous les objets qui par leur éclat attirent ses regards deviennent sa proie, aussitôt qu'elle peut s'en emparer. Elle va cacher ses larcins dans le berceau de ses enfants et, comme les fripons se méfient de

La Pie, il faut l'avouer, n'est pas un honnête oiseau.

tout le monde, elle a soin de rendre ce berceau presque inexpugnable.

Un Passereau auquel on pourrait reprocher une certaine insouciance, tant il montre peu d'industrie dans la confection de son nid, c'est le Moineau.

Ce polisson des rues, dont vous connaissez l'effronterie et

les habitudes vagabondes, se contente de fourrer des brins de
paille ou de foin dans quelque trou de muraille, et voilà son
nid fait. Peut-être pense-t-il que ses petits, étant appelés à
suivre une carrière aventureuse, doivent s'habituer de bonne
heure à coucher sur la dure. Les Lacédémoniens agis-
saient de la sorte avec leurs enfants et ne s'en trouvaient
pas mal : « Rude jeunesse fait douce vieillesse, » disaient-
ils. Les Moineaux connaissent-ils ce précepte? C'est douteux ; du moins, s'ils le connaissent, ce n'est pas aux
hommes qu'ils l'ont emprunté — les bêtes n'ont pas besoin
de notre exemple pour savoir se conduire. — Quoi qu'il

Ce polisson des rues, dont vous connaissez l'effronterie.

en soit, les pierrots n'élèvent pas leurs petits dans la mollesse et montrent en cela plus de bon sens que beaucoup
de personnes de ma connaissance.

L'éducation des enfants doit être en rapport avec leur
position future. Si les fils d'artisans étaient élevés comme
des fils de millionnaires, ils feraient d'assez piètres ouvriers
et d'assez mauvais agriculteurs, n'est-ce pas? Eh bien,
malgré cette vérité presque naïve, la plupart des femmes
de la ville, qui sont parfois très dures pour elles-mêmes,
épargnent à leurs enfants le moindre déplaisir : au lieu
de les préparer de bonne heure à lutter contre les obstacles et les misères de la vie, elles leur aplanissent le

chemin et leur enlèvent toute initiative ; si elles pouvaient
faire couvrir de tapis moelleux les rues où marchent leurs
chers bébés, elles le feraient assurément.

— Oui, c'est de mode aujourd'hui ; les dames élèvent
leurs enfants de même qu'elles élèvent leurs canaris ou
leurs levrettes. Que de réformes à faire dans la société !
Ah ! si j'étais...

— Les femelles de Moineaux ne suivent point cet exemple. Elles savent que leurs petits doivent gagner leur vie à
la pointe du bec ; aussi se gardent-elles de les élever dans
du coton, comme s'ils étaient des fils de mésanges ou
des fauvettes. Les jeunes pierrots ne doivent pas, suivant
les coutumes de ces dernières, se rendre à Nice ou à Mo-
naco, quand viendra la mauvaise saison. Ils doivent rester dans le pays qui les a vus naître, quelles que soient
l'inclémence de la température et la rigueur de l'hiver.
Ils doivent pourvoir à leur existence, alors que la neige
couvre le sol et que les arbres sont dépouillés de leur
feuillage ; ils doivent apprendre à vivre de peu et s'habituer à supporter de longs jeûnes.

Vous comprenez que, pour résister à ce métier, il
faut être dur à la peine et brave jusqu'à la témérité, qualités qui font complètement défaut à la race aristocratique des Sylvies.

Les Moineaux font donc œuvre de sagesse en bâtis-
sant des nids grossiers. C'est de la prévoyance, et non de
l'insouciance. J'ai eu tort d'employer ce mot, et je le
retire.

Il y a, dans le monde des Oiseaux, certain intrigant

qui se préoccupe assez peu de l'éducation de ses enfants; il ne les élève ni bien ni mal : il les fait élever par
autrui.

Cet oiseau éhonté s'appelle Coucou.

Il appartient à l'ordre des Grimpeurs et se rencontre
dans presque toutes les contrées. Il nous arrive par bandes
au mois d'avril, se répand dans les bois et fait entendre
le cri particulier qui lui a valu son nom.

La femelle du Coucou n'ignore pas qu'un nid chaud et
douillet est nécessaire à ses petits. Comme elle passe
la belle saison à pondre et que le temps lui manque
pour bâtir un nid, couver ses œufs, élever ses petits et
que, d'un autre côté, elle adore ses enfants, savez-vous ce
qu'elle fait?

J'ai presque honte de vous le dire, tellement ses procédés sont indélicats.

Elle prend dans son bec chaque œuf qu'elle pond et va
l'introduire dans les nids de Fauvettes, de Rossignols, de
Bergeronnettes, de Merles, etc., tous oiseaux insectivores,
nourrissant leurs petits avec des aliments qui conviennent
également aux jeunes Coucous. Elle ne dépose qu'un œuf
dans le même nid, afin de ne pas éveiller les soupçons de
la mère, et place cet œuf au milieu de ceux qui sont déjà
dans le nid.

Pour accomplir ce tour d'adresse, elle saisit le moment
où la mère, ne couvant pas encore, s'est absentée pour
un instant.

Le tour fait, l'intrigante s'éloigne au plus vite. Les
Fauvettes, les Rossignols, etc., ne se doutant de rien, —
ce qui prouve qu'ils ne savent pas compter, — couvent cet
œuf étranger en même temps que les leurs et le font
éclore.

Aussitôt qu'il est sorti de la coquille, le petit Coucou

Elle prend dans son bec chaque œuf qu'elle pond...

se voit nourri, choyé, dorloté comme ses frères de couvée, qu'il surpasse en force et en appétit, étant de plus
grosse espèce.

Pendant ce temps, la mère Coucou se tient à l'écart,
de peur de compromettre la position de son enfant. Elle
réprime ses élans de tendresse et se contente de surveiller
furtivement ce fils ou cette fille, qu'elle a frauduleusement
placée en nourrice.

Savez-vous de quelle manière le jeune intrus paye
l'hospitalité et la sollicitude de ses parents adoptifs?

Par la plus noire ingratitude.

Ce petit Coucou, digne fils de sa mère, abusant de sa
vigueur, prend sur son dos ses frères de nichée, se traîne
à reculons jusqu'au bord du nid et les jette dehors les uns
après les autres.

N'est-ce point monstrueux?

Pour accomplir ce forfait, il choisit l'heure où sa
mère nourricière est en quête de vivres.

(C'est le médecin anglais Jenner, auquel on doit la propagation de la vaccine, qui, le premier, a dénoncé la conduite de ce jeune scélérat.)

Resté seul et maître du logis, l'oiselet criminel se
développe à l'aise et reçoit la pâture par les soins de ses
parents adoptifs, qui le soignent avec d'autant plus de
sollicitude qu'ils sont privés de leurs autres enfants.

Quand la plume a remplacé le duvet de son corps,
et que ses ailes ont acquis assez de puissance, ce précoce
malfaiteur abandonne son berceau, sans même donner
un regard à ceux qui l'ont tant aimé, et va rejoindre sa
véritable mère qui l'attend, non loin de là, sur quelque
branche et qui se charge de compléter son éducation, si
bien commencée.

En vérité, cette famille de Coucou est bien méprisable.

Cet odieux petit Coucou m'a fait perdre de vue les nids d'oiseaux. Disons, pour en finir, qu'ils affectent toutes les formes et qu'ils sont de tailles diverses. Les uns ressemblent à des boules, les autres à des corbeilles, à des gourdes, à des fuseaux, à des cornes d'abondance, à des bouteilles, à des manchons, à des perruques emmêlées, à des tas d'épines, etc.

Ainsi donc, parmi la gent ailée, nous trouvons des artisans de tous états, tels que : bûcherons, mineurs, tisserands, maçons, filateurs, drapiers, tailleurs, architectes, herboristes, etc.

Il semble qu'on a droit à quelque considération quand on possède des talents si nombreux.

— Sans compter leur talent de chanteur, ajouta le caporal.

— Oui, caporal, sans compter l'art charmant que possèdent certaines espèces d'oiseaux et qui devrait suffire pour nous les faire aimer toutes.

Évidemment, le caporal avait dit ces mots pour me faire plaisir ; il caressait mon faible à l'endroit des petits oiseaux, afin de me rendre plus tolérant à l'endroit de sa politique : où la diplomatie va-t-elle se nicher !

Eh bien, oui, je l'avoue, je les aime de tout mon cœur, ces aimables virtuoses, et je voudrais que tout le monde les aimât de même. Chaque fois que l'occasion s'en présente, je ne manque jamais de faire ce que le caporal appelle une *campagne contre les ennemis de nos amis*.

Je cherche à démontrer par A+B à tous ceux qui veulent
bien m'écouter que les petits oiseaux sont nos meilleurs
amis, et que nous devons les chérir, ne fût-ce que par
calcul.

Comme bien vous le pensez, chers lecteurs, je ne lais-
serai pas échapper une aussi belle occasion de placer ici
mon petit discours ; il n'est plus tout neuf, je vous en pré-
viens, mais le caporal m'assure qu'avec quelques retou-
ches il sera encore très présentable. D'ailleurs, ne l'ayant
probablement jamais entendu, vous ne pourrez le trouver
vieilli.

UNE CAMPAGNE

CONTRE LES ENNEMIS DE NOS AMIS

Outre leur étonnante industrie, les petits oiseaux possèdent un talent remarquable et digne de notre admiration : ils chantent.

Sans les petits oiseaux, les hommes ne pourraient vivre.

Vous les avez tous entendu vocaliser, ces aimables virtuoses. J'en suis fort aise, car je serais bien embarrassé s'il me fallait vous décrire les ravissantes mélodies qui s'échappent de ces petits gosiers. Plusieurs écrivains ont essayé de le faire. Malgré la beauté de leur style et la richesse de leurs images, ils n'ont réussi qu'à nous prouver, une fois de plus, que la musique s'écoute et ne se décrit pas.

La famille des chanteurs se recrute parmi les passereaux, et les passereaux sont les plus alertes, les plus gracieux et les plus jolis des six ordres qui composent cette classe.

Le maître ès arts,
l'Orphée de la phalange.

L'aimable chanteur
au beau plumage.

Le maître ès arts, l'Orphée de la phalange, c'est le Rossignol, personne ne l'ignore. Qui n'a pas entendu ce roi des chanteurs pendant les belles soirées de mai et qui n'a pas été émerveillé de l'entendre ?

C'est pour charmer sa compagne, posée sur ses œufs, que le Rossignol égrène les perles de son répertoire et fait éclater ses incomparables mélodies : c'est du dernier galant, n'est-il pas vrai ?

Après le Rossignol et par ordre de mérite, viennent : la Fauvette, digne émule du grand maître. Elle n'a pas tant de puissance dans la voix, mais, en revanche, elle a plus de douceur.

La Linotte commune : le mâle a l'oreille si musicale qu'il retient tous les airs qu'il entend.

Le Chardonneret, l'aimable chanteur des vergers, dont l'élégant plumage réjouit les yeux.

Le Rouge-Gorge, l'ami de la chaumière, le plus familier et le plus confiant des petits oiseaux.

La joyeuse et matinale Alouette, qui se fait entendre aussitôt qu'apparaît l'aurore, et qui chante en s'élevant dans les airs : c'est le réveille-matin du laboureur.

Le Tarin, qui nous arrive de Russie et qui traverse notre pays en automne.

L'ami de la chaumière.

Il ne connaît qu'une seule chanson.

La gracieuse Mésange, le plus joli et le plus courageux des oiseaux bocagers. Elle ne fait entendre qu'un léger gazouillement, mais ce gazouillement est plein de charme.

Le Bouvreuil, un des oiseaux les plus charmants de notre pays.

Le Pinson, le gai Pinson, qui va sautillant comme un gamin ; il ne connaît qu'une seule chanson, mais il ne se lasse pas de la répéter.

Et quantité d'autres dont j'ai oublié les noms.

Vous croyez, peut-être, que nous ne devons regarder les petits oiseaux que comme des hôtes élégants qui peuplent les bois et les vergers, des chanteurs inimitables qui charment les oreilles, des ouvriers et des architectes

habiles? Nous devons leur accorder une bien plus haute
estime, une bien plus grande admiration : nous devons
les considérer comme nos meilleurs amis, comme nos plus
dévoués protecteurs.

Des protecteurs! ce mot vous fait sourire, chers lecteurs. Vous ne vous supposiez guère sous la protection de ces mignonnes créatures; c'est pourtant ainsi.
Vous le comprendrez aisément, quand vous saurez que la
famille entière des Becs-fins et la presque totalité des Passereaux se nourrissent de Vers, de Larves, de Chenilles,
d'Insectes et de petits Mollusques qui dévorent les fleurs,
les bourgeons, les grains et les fruits.

Pour mieux vous faire comprendre l'importance du
rôle du petit oiseau, il me faut vous dire quelques mots
concernant ces bestioles.

Les Insectes pullulent dans la nature. Il y en a partout : dans l'air, dans l'eau, dans la terre, dans toute matière animale ou végétale, sur toutes les plantes, sur tous
les arbres, sur toutes les feuilles, sur le moindre brin
d'herbe, sur le corps de toutes les bêtes ; partout enfin,
excepté dans les minéraux.

Ces Larves et ces Insectes sont généralement fort petits
et le plus grand nombre ne peut s'apercevoir qu'au moyen
de verres grossissants. Comme ils peuvent voler, sauter,
nager, ramper et que leur taille exiguë leur permet de se
glisser par les ouvertures les plus étroites, il en résulte
que ni barricades, ni serrures, ni gendarmes ne sauraient
s'opposer à l'invasion de ces petits animaux.

Beaucoup de ces Insectes vivent en société, et leur
nombre est parfois si considérable qu'en volant ils obscurcissent la lumière du soleil, et qu'en s'abattant sur la
terre ils ravagent en quelques heures des contrées de

vingt lieues d'étendue, si complètement qu'on croirait que le feu y a passé.

Dans certaines années, les Chenilles abondent au point de nous priver de légumes et de fruits ; plus d'une fois le Charançon du blé a causé de véritables disettes.

Qui donc détruira ces dévorants ? Est-ce vous, chers lecteurs, qui pourriez grimper sur tous les arbres, visiter chaque feuille l'une après l'autre, inspecter chaque bourgeon, fouiller dans l'écorce ? Est-ce vous qui pourriez examiner les basses tiges des plantes potagères, les fleurs des champs et des jardins et chaque brin d'herbe des prairies ? Est-ce vous qui pourriez happer au vol ces milliards d'Insectes qui nous font la guerre ?

Non, ce n'est pas vous, ni moi, ni personne.

L'homme, ce roi de la création, est capable de vaincre les animaux les plus redoutables et les plus puissants : il fait reculer le Lion ; il dompte l'Éléphant ; il arrache la monstrueuse Baleine à la mer profonde ; il se fait des tapis de pied avec la peau du Tigre sanguinaire, et des chaussures avec la peau des Crocodiles et des Serpents Boas ; mais ce triomphateur est obligé de baisser pavillon devant les Vers et les Insectes !

Ils vont donc ravager tous les biens de la terre ? Ils vont donc nous affamer, ces dévastateurs ? Rassurez-vous. Ce que nous ne pouvons faire, un autre l'accomplira pour nous. Cet autre, c'est le petit Oiseau, l'aimable chanteur qui nous donne des concerts de l'aube au crépuscule et qui vient bâtir son nid, non loin de nos demeures, au milieu des buissons et des arbres fruitiers. C'est lui qui va faire respecter notre pain ; c'est lui qui va nous défendre ; c'est lui qui va nous protéger !

Regardez-le, ce brave petit Oiseau ; voyez comme il

voltige entre les branches, comme il circule au milieu du feuillage; son œil vif et perçant a vu de loin ramper la cohorte ennemie; il se précipite sur les envahisseurs et leur livre bataille. Voyez avec quelle activité il picore; c'est à peine si l'œil peut suivre ses mouvements. Plus il mangera de Chenilles et de Vers, plus nous mangerons de cerises, de poires, de pommes, de groseilles, de prunes, de raisins, de pêches et d'abricots.

O vous tous, enfants qui me lisez, ne vous rendez jamais coupable du meurtre d'un Oiseau; ne vous emparez jamais d'aucun nid; ne rendez pas le mal pour le bien et ne vous montrez pas ingrats au point de tuer vos bienfaiteurs. Rappelez-vous qu'en détruisant une couvée, vous ôtez la vie à quatre ou cinq Oisillons et que, du même coup, vous enlevez le pain à quatre ou cinq personnes.

Rappelez-vous que les Insectes se reproduisent avec une effrayante rapidité; que si rien ne s'opposait à leur multiplication, nous serions bientôt réduits à mourir de faim : car ils dévoreraient les végétaux qui nous servent de nourriture et l'herbe qui sert de nourriture aux bestiaux.

Les petits Oiseaux nous sont donc plus utiles que tous nos animaux domestiques réunis.

Sans petits Oiseaux, point de récoltes; sans récoltes, point de vie possible.

Les anciens Égyptiens, qui n'étaient pas des sots, regardaient l'Ibis comme un oiseau sacré, parce qu'il faisait la guerre aux petits reptiles, dont leur pays était infesté. Aujourd'hui encore, les noirs habitants du Cap, que nous traitons de barbares, vénèrent la Spatule, le Marabout et le Messager, qui les délivrent des Scorpions et des Serpents venimeux. Ces Oiseaux circulent en toute liberté dans ces régions et, loin de leur faire du mal, les nègres se prosternent et rendent grâce à leurs fétiches, lorsqu'un de ces oiseaux pénètre dans leur habitation.

Il faut reconnaître que ces prétendus barbares se montrent plus reconnaissants et moins sottement égoïstes que certains peuples civilisés.

Les anciens Égyptiens regardaient l'Ibis comme un oiseau sacré.

Pour excuser les jeunes villageois qui dénichent les Oiseaux ou qui leur tendent des pièges, on dit qu'ils pèchent par ignorance. C'est là une pitoyable excuse. Les enfants de l'Afrique méridionale ne détruisent jamais d'Oiseaux : sont-ils donc plus instruits que les enfants de nos villages ?

En plaidant la cause des petits Oiseaux, je défends vos intérêts et ceux de votre famille, chers amis. Je me plais à croire qu'après avoir lu ces lignes, aucun de vous ne

sera assez cruel et assez inintelligent pour tendre des
pièges aux meilleurs amis de l'homme.

— Ainsi soit-il, dit le caporal, en approuvant de la
tête ma péroraison.

Ensuite, il ajouta :

— Les jeunes paysans font cé qu'ils voient faire : peu-
vent-ils être plus raisonnables que les beaux messieurs
de la ville?

— Vous dites vrai, cher camarade, le mauvais exemple
leur est donné par des citadins désœuvrés qui, ne sachant
comment occuper leurs loisirs, quand ils sont à la campagne, s'amusent à tuer les petits Oiseaux avec des armes
à feu ou des filets.

Il y a quelque vingt années, un sénateur, M. Bonjean,
de regrettable mémoire, eut le bon sens et le courage de
plaider la cause des petits Oiseaux à la tribune, devant ses
collègues. Son discours fut accueilli par des sourires, et
certains journalistes le tournèrent en ridicule. On rit de
tout dans notre pays : cela dispense de réfléchir.

Le discours de ce sénateur n'a pas été perdu pour tout
le monde. Les autres États d'Europe, reconnaissant l'utilité des petits Oiseaux, se sont hâtés de les placer sous la
protection des lois. Aujourd'hui, il est défendu de détruire
les petits Oiseaux presque partout, excepté en France.

— C'est à n'y pas croire.

— Il existe bien chez nous une loi protectrice des animaux. Cette loi est bonne, je n'en veux pas médire, mais il
m'est permis de constater qu'elle ne protège guère que
les bêtes de somme et qu'elle est nulle au point de vue
de l'économie générale. Elle ne sera vraiment d'utilité
publique que du jour où elle sauvegardera les petits Oiseaux et leurs couvées. Alors l'agriculture produira des

centaines de millions de plus, et la Pyrale, l'Eumolpe et
le Phylloxera, ne ravageront plus nos vignobles.

D'après le Code pénal (article 444), « quiconque aura
dévasté des récoltes sur pied ou des plants venus naturellement, ou faits de main d'homme, sera puni d'un em-

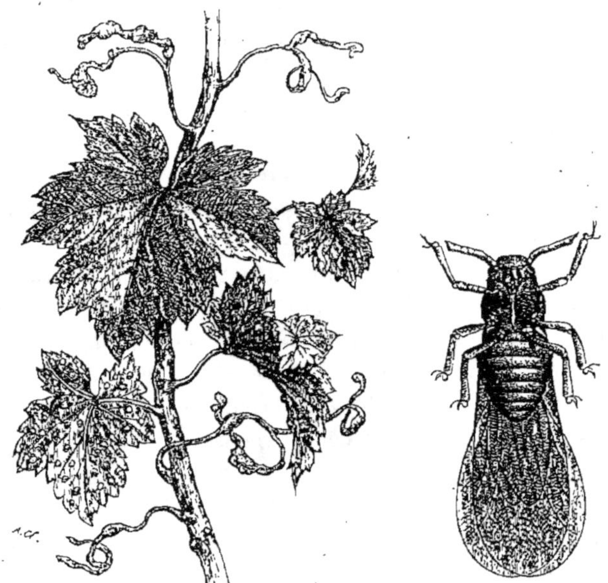

Ces petits monstres ravagent les vignes.

prisonnement de deux ans au moins et de cinq ans au
plus ».

La loi punit sévèrement celui qui dévaste les récoltes,
et elle ne punit pas celui qui tue l'Oiseau, sans lequel ces
récoltes n'existeraient pas !

— Ah ! ah ! fit le caporal d'un ton moqueur, je crois,

mon capitaine, que vous vous empêtrez dans les broussailles de la politique.

— Vous avez raison, caporal, je m'égare ; mais, lorsqu'il s'agit des petits Oiseaux, je serais capable d'aborder la statistique elle-même et de prouver, chiffres en main, que le plus modeste Passereau, durant son existence, nous épargne dix hectolitres de céréales et mille kilogrammes de fruits ; en d'autres termes, qu'il représente un capital qui dépasse trois cents francs ! Jarnibleu ! on a bien le droit de défendre son pain, et je ne me sens nullement disposé à payer le mien plus cher parce que certains personnages, qui ne savent plus quoi manger, trouvent savoureuse la chair des petits Oiseaux : car, remarquez-le bien, les petites bêtes, comme on les appelle, ne vont jamais sur la table du pauvre.

— Socialiste ! s'écria le caporal.

— Je combats les abus et l'injustice partout où je les rencontre ; si c'est là faire œuvre de socialisme, caporal, je suis socialiste et je désire que tous ceux qui m'entendent le soient de cette manière, surtout les enfants pour lesquels j'écris.

Ne croyez pas les personnes ignorantes ou intéressées qui vous disent que certains Oiseaux sont nuisibles. C'est un mensonge. Il y a des Oiseaux qui se font payer les services qu'ils rendent ; d'autres qui ne nous sont pas d'une grande utilité ; mais de nuisibles, il n'y en a point, sinon celui que les hommes admirent le plus et dont le nom, lorsqu'il leur est appliqué, les comble de joie et d'orgueil.

— Cet oiseau, quel est-il ?

— Nous allons le chercher, si vous le voulez bien, parmi les sept mille espèces d'Oiseaux connus.

— Sept mille espèces ! Nous ne le trouverons pas avant le jugement dernier.

— C'est l'affaire de quelques instants. Nous ne ferons que jeter un coup d'œil rapide sur les grands et sur les petits Oiseaux qui composent les six ordres que renferme cette classe d'animaux. Chemin faisant, je vous présenterai les sujets les plus remarquables de chaque ordre.

— Je vois ce que c'est. Vous voulez prouver aux gamins, auxquels vous rapportez tout ce que nous disons, que les Oiseaux sont de bons enfants.

— Oui, caporal, c'est ce que je veux. Si par mes conseils j'empêchais seulement une douzaine de jeunes villageois de tendre des pièges aux petits Oiseaux ; si je sauvais de la destruction quelques douzaines de couvées de Fauvettes ou de Mésanges, je n'aurais pas perdu mon temps, et de mon chef je placerais mon livre parmi les bons.

— M'est avis que ce n'est que pour défendre vos chers Oisillons que vous le faites, ce livre.

— Vous êtes un profond observateur, caporal. Restons-en là pour aujourd'hui ; je ne veux pas fatiguer votre mémoire : demain nous reparlerons de nos Oiseaux.

L'OISEAU NUISIBLE

Reconnaissez-vous l'oiseau nuisible ?

— Je vous disais hier que la classe des oiseaux forme
six ordres : les PASSEREAUX, les GALLINACÉS, les GRIM-
PEURS, les PALMIPÈDES, les ÉCHASSIERS, les RAPACES.
Voyons ce que sont ces oiseaux.

LES PASSEREAUX

Cet ordre renferme tous les oiseaux qui ne sont ni chasseurs, ni nageurs, ni grimpeurs, ni échassiers, ni gallinacés, c'est-à-dire qui n'ont aucun des caractères assignés
aux cinq autres ordres. Ils sont généralement de petite
taille, et se nourrissent de grains et d'insectes.

C'est dans cet ordre que se trouvent les oiseaux chanteurs.

On les divise en cinq familles : les Dentirostres, les

Conirostres, les Fissirostres, les Ténuirostres et les Syndactyles.

Les **dentirostres** ont le bec dentelé à son extrémité. Les plus remarquables de cette famille sont : les Pies-grièches, les Gobe-mouches, les Merles, les Grives, le Moqueur, oiseau d'Amérique qui possède l'étonnante faculté d'imiter, sur-le-champ, tous les sons qu'il entend ; les Fourmiliers, ainsi nommés parce qu'ils se nourrissent de fourmis ; les

Le plus petit de nos oiseaux d'Europe.   Ils ont le bec très grêle...

Loriots, les Lyres, à l'admirable plumage ; les Becs-fins, parmi lesquels on remarque les Fauvettes ; les Roitelets, les Troglodytes, les plus petits de nos oiseaux d'Europe, etc.

Les **conirostres** ont le bec conique et fort. Les plus connus sont : les Corbeaux, les plus gros des Passereaux d'Europe, les Paradisiers, les Moineaux, dont le genre comprend les Serins, les Pinsons, les Linots, les Chardonnerets, etc. ; puis viennent les Alouettes, les Mésanges, les Tisserins, etc.

Les **fissirostres** ont le bec droit, court et fendu très

profondément ; on les divise en deux tribus : les diurnes
et les nocturnes.

Les *fissirostres diurnes* se composent du genre Hirondelle et du genre Martinet.

Et fait la guerre aux hirondelles, bien qu'elles soient ses parentes.

Parmi les hirondelles, on remarque l'Hirondelle de fenêtre, l'Hirondelle de cheminée et la Salangane, dont je
vous ai parlé.

On l'appelle aussi Crapaud volant.

Les Martinets sont des oiseaux qui voltigent presque
toujours. Ils dévorent une grande quantité d'insectes et
font la guerre aux hirondelles, bien qu'elles soient leurs
parentes.

Les *fissirostres nocturnes*, appelés aussi Engoulevents,

ne sortent que pendant la nuit ; ils se nourrissent d'insectes. Leur bec est si profondément fendu que les gens de la campagne les appellent crapauds volants. Ces oiseaux, très agiles, marchent et perchent rarement.

Les **ténuirostres** ont le bec très grêle ; c'est dans cette famille que se placent les Oiseaux-Mouches, les Colibris, les Échelettes, les Grimpereaux, les Sittelles, etc.

Les **syndactyles**, ainsi appelés à cause de la conformation de leurs doigts, comptent dans leurs rangs les Guêpiers, les Martins-Pêcheurs, les Calaos, dont la tête est surmontée d'un casque étrange, etc.

Tous les sujets qui composent l'ordre des Passereaux nous sont utiles ; des personnes de mauvaise foi ont essayé de jeter quelque défaveur sur certains conirostres. Elles ont fait un crime aux moineaux de manger des grains et des fruits, mais c'est là une véritable querelle d'Allemand.

Il faut à ce propos que je vous raconte une historiette qui vient précisément d'outre-Rhin ; vous la connaissez peut-être. Je parle pour ceux qui ne la connaissent pas.

Un roi, très despote, adorait les cerises. Ce roi trouvait fort impertinents les Moineaux qui se permettaient de picoter les plus belles cerises de ses vergers et qui ne laissaient que leurs restes à Sa Majesté. Dans son indignation, celle-ci jura l'extermination des coupables. Elle mit leur tête à prix, au prix d'un sou, si j'ai bonne mémoire. Malgré la modicité de la prime, les villageois déposèrent des millions de têtes de moineaux aux pieds du monarque.

Le roi se frotta les mains et il attendit la récolte pro-

chaine, se réjouissant à l'idée de croquer ses bonnes cerises, sans avoir à les partager avec les pierrots.

Le roi attendit, mais il attendit sous l'orme.

Il ne vint cette année ni fruits ni feuilles aux arbres
fruitiers : les Chenilles avaient tout ravagé.

La Majesté reconnut sa faute et comprit que, si un roi
peut commander à des millions d'hommes, des millions
de rois ne sauraient se faire obéir d'une seule chenille.

Le roi fit rapatrier les moineaux à grands frais, aimant
mieux partager avec eux que n'avoir rien du tout.

Les Moineaux, les plus calomniés des Passereaux, ne
font pas seulement la guerre aux Chenilles, mais ils font
encore un grand massacre de Hannetons, ces terribles
ravageurs qui, à l'état parfait, détruisent les bourgeons, et
qui, à l'état de larves, mangent les racines des arbres,
des vignes et des légumes.

On compte en Europe vingt-trois espèces de Hannetons, et cent quarante espèces environ dans les autres
parties du monde. Ce sont, avec les Chenilles et les Cha-
rançons, les plus grands ennemis de l'agriculture.

Dans certaines années, les Hannetons abondent à ce
point que les prairies sont ruinées et que l'herbe se des-
sèche sur pied. La plupart des Conirostres, et presque
tous les oiseaux qui ont un bec solide, détruisent les larves de Hannetons quand elles sortent de terre, et les Hannetons à l'état parfait, quand ils peuvent les saisir; sans
quoi nous n'aurions bientôt plus rien à manger : ni fruits,
ni légumes; pas même de viande, puisque la viande c'est
de l'herbe qui s'est faite chair en nourrissant les bœufs
et les moutons.

L'oiseau qui fait le mieux la chasse aux Hannetons et qui débarrasse aussi le sol de toutes sortes de matières animales, c'est le Corbeau.

Sa manière de procéder est ingénieuse.

Les Hannetons ne commencent à voltiger qu'à la brune. Les enfants le savent bien — c'est dans la journée qu'ils vont secouer les arbres pour se procurer cette détestable engeance, dont ils s'amusent. — Les Corbeaux, qui ne peuvent pas secouer les arbres, ont imaginé un moyen fort original.

Ils se divisent en deux groupes : le premier groupe reste au pied de l'arbre ; le second voltige dans les branches et, par le battement de ses ailes, fait dégringoler les hannetons engourdis. Les Corbeaux demeurés sous l'arbre se régalent à bec que veux-tu et, lorsqu'ils ont l'estomac plein, ils cèdent la place aux autres et vont à leur tour secouer le feuillage.

Dites, après cela, que les bêtes n'ont pas d'esprit.

C'est dans l'ordre des Passereaux que vous trouverez l'Oiseau siffleur, aimé des concierges et qui fait tant de bien aux bœufs et aux moutons.

— Je gage que vous voulez parler du Sansonnet ?

— Oui, caporal, je veux parler du Sansonnet, autrement appelé Étourneau.

Cet oiseau, devenu captif, répète les airs qu'il entend et peut même apprendre à prononcer quelques mots; mais c'est là son moindre talent. En liberté, cet oiseau

Ils débarrassent le sol de toutes sortes de matières animales qui pourraient corrompre l'air.

débarrasse les moutons des insectes parasites qui les tourmentent et qui se cachent dans leur toison. Il fait mieux encore ; il remplit auprès du bœuf, des cerfs et autres ruminants à poil ras l'office de vétérinaire : je m'explique.

Nous savons que chaque animal compte parmi les Insectes un ou plusieurs ennemis qui s'attachent principa-

Il remplit auprès du bœuf l'office de vétérinaire.

lement à sa personne, sans compter les vers qui vivent à ses dépens dans l'intérieur de son corps.

Le bœuf a pour ennemie une grosse mouche appelée Hypoderme, que Réaumur compare au Bourdon.

Cette mouche va pondre ses œufs sur le dos du puissant quadrupède et les introduit entre cuir et chair au moyen d'une espèce de tarière. La présence de cet œuf détermine un petit abcès dont l'humeur sert de nourriture, pendant toute son existence, à la larve qui sort de cet œuf. Lorsque cette larve est sur le point de se transformer en nymphe, elle sort de sa logette, se laisse tomber à terre et va cher-

cher quelque retraite pour y accomplir sa métamorphose.

Ces larves tourmentent beaucoup les bestiaux, les rendent inquiets et parfois les affolent.

— Je connais cette bestiole, c'est une grosse mouche
grise. Elle pique les chevaux, les bœufs, les hommes aussi
et s'abreuve de leur sang.

— La mouche dont vous parlez s'appelle Taon. Il ne
faut pas la confondre avec l'Hypoderme.

Elle dépose ses œufs sur le dos du gros quadrupède.

Les Taons piquent au moyen du suçoir dont leur bouche
est munie et s'abreuvent de sang ; leur repas fait, ils s'en-
volent et vont pondre dans le sol.

Les Hypodermes ne boivent pas de sang ; ils ne piquent
la peau du bœuf que pour y introduire leurs œufs.

Cette mouche a soin de pondre aux endroits que le
quadrupède ne peut gratter ; c'est pourquoi l'on voit souvent les vaches se frotter contre les arbres ou contre les
murailles.

C'est alors que l'Étourneau arrive à la rescousse.

Il se pose sur leur dos, explore les parties tuméfiées, les
crève à coups de bec, arrache les larves qui s'y prélassent
et les croque. Ne croyez pas que ce soit pour rendre service aux bestiaux que le Sansonnet les débarrasse de
leur vermine ; c'est tout simplement pour satisfaire son
appétit. Qu'importe ! Si les uns et les autres à ce jeu
trouvent profit, tout est pour le mieux.

LES GALLINACÉS

La plupart des oiseaux de basse-cour appartiennent à cet ordre qui se divise en deux sous-genres : les *Gallinacés* proprement dits et les *Pigeons*.

La plupart des Gallinacés volent mal, ne nichent pas sur les arbres et cherchent leur nourriture à terre. Cette nourriture se compose ordinairement de grains, d'insectes et de petits mollusques. Les Poules, les Faisans, les Dindons, les Perdrix, les Pintades, les Cailles, les Coqs de bruyère, etc., appartiennent à ce sous-genre.

Il est inutile, je crois, de vous rappeler leur utilité. Vous avez maintes fois l'occasion de la constater lorsque vous trouvez tout ou partie de ces oiseaux rôtis sur votre assiette.

Ce sont les seuls oiseaux qu'on devrait permettre de sacrifier à notre alimentation, et, voyez la bonne fortune, ce sont à peu près les seuls oiseaux qui consentent à vivre en domesticité.

Les Pigeons volent très bien, ce qui les distingue des autres Gallinacés. Ils ont les mœurs paisibles et sont faciles à apprivoiser. Ils aiment la société et vivent par couples. Le mâle, autant que la femelle, s'occupe de l'éducation des petits; tous deux couvent alternativement.

On compte généralement cinq ou six espèces de Pigeons; les variétés sont fort nombreuses.

Ces oiseaux recherchent la présence de l'homme. Certaines espèces de Pigeons ont un si vif attachement pour leur pays natal qu'ils n'abandonnent jamais leur volière. Un Pigeon de ce genre, fût-il transporté à cent lieues de son domicile, y revient toujours, à moins d'accident.

On a utilisé cet amour du clocher et l'on emploie ces oiseaux pour porter des messages.

Vous avez certainement entendu parler des pigeons qui transportaient les dépêches de Bordeaux à Paris, bloqué, pendant la guerre de 1870-1871.

Aujourd'hui, dans presque tous les États, on élève des Pigeons messagers.

Le RAMIER est un pigeon de passage qui ne se mêle pas aux précédents ; il vit dans les bois.

Il en est de même de la TOURTERELLE.

Les Pigeons se nourrissent principalement de grains et de jeunes pousses d'arbrisseaux. Ils causent certains ravages dans les plantations. Leur chair étant un excellent manger, ils nous rendent en viande plus qu'ils ne nous coûtent en grains ; sans cela, on n'élèverait pas de Pigeons dans les fermes.

C'est parmi les Gallinacés que se rencontre l'oiseau qui fait l'ornement des parcs et des basses-cours. Il est aussi remarquable par l'éclat de son plumage que par sa vanité. C'est l'oiseau qui porte à l'entour de son col

Un arc-en-ciel nué de cent sortes de soies,

selon l'expression de La Fontaine.

Le PAON est certainement un fort bel oiseau. Sa queue, qu'il déploie en éventail, est vraiment admirable. Elle est composée de plumes d'une dimension extraordinaire ; chaque tige est garnie de filets souples et colorés de

Pendant la guerre, ils transportaient les dépêches de Bordeaux à Paris.

toute la gamme des verts, et se termine par une rosace sur

Mais qu'il est fier de sa beauté, l'oiseau de Junon !

laquelle brillent des rayons dorés. Sa tête est ornée d'une
aigrette en forme de diadème, et le reste de son plumage
présente partout des reflets métalliques du plus bel effet.

N'étaient ses pattes, qui rappellent son origine dindonnière, le Paon rivaliserait avec les Paradisiers et les Colibris.

Mais qu'il est fier de sa beauté, l'oiseau de Junon! il suffit de lui donner quelques marques d'admiration pour lui faire étaler sa riche parure. Il se montre de face, de profil, s'avance, recule, se gonfle, fait la roue et semble dire : Regardez comme je suis beau !

Vanité et sottise marchent de compagnie. A l'époque de la mue, lorsqu'il perd son éclatant plumage, cet oiseau est si humilié de se voir ainsi dépouillé, qu'il va se réfugier dans un coin, afin de cacher sa honte à tous les yeux.

Ce vaniteux personnage est si jaloux de sa beauté, qu'il brise les œufs de sa femelle, dans la crainte de voir naître des petits rivaux qui pourraient l'éclipser. Telle est du moins l'opinion de Pline l'Ancien. Les naturalistes modernes expliquent différemment la conduite du Paon en cette circonstance. Quoi qu'il en soit, la femelle se cache pour couver et le père maltraite ses petits, tant qu'ils n'ont pas d'aigrette sur la tête.

A ce beau fat, combien je préfère le crâne et vaillant petit Coq ! Quelle différence entre ces deux gallinacés !

Le Coq est fier, et non pas vain : la nuance est saisissable ; vain veut dire vide. « La vanité c'est l'aliment des sots, » dit La Bruyère. « S'il est quelqu'un que la vanité a rendu heureux, à coup sûr, ce quelqu'un est un sot, » ajoute J.-J. Rousseau. La fierté qui vient d'une juste estime de soi-même, c'est une qualité : c'est une noblesse morale. Malesherbes dit très bien en parlant de Montaigne : « Il avait une fierté d'honnête homme. » On peut dire : une noble fierté ; on ne dira pas : une noble vanité.

Voilà une bien longue dissertation à propos d'un Coq
et d'un Dindon, — d'un Paon veux-je dire, — Paon et
Dindon se ressemblent tant par le caractère qu'on peut
aisément s'y tromper; d'ailleurs ces deux Gallinacés sont
cousins germains.

Le Coq est brave, généreux et courtois. Si l'on ne peut
le citer comme le modèle des pères, du moins ne peut-on
lui reprocher de maltraiter ses petits. Confiant dans son
courage, hardi jusqu'à l'audace, il impose son autorité à

Il est brave et courtois, fier et non pas vain.

ses compagnons de basse-cour et les gouverne en maître. Jugeant la gloutonnerie chose méprisable et indigne
de sa grandeur, il ne mange que fort peu. Quand il dé-
couvre quelques morceaux délicats, au lieu de s'en réga-
ler, — comme ne manqueraient pas de le faire certains
gourmands de ma connaissance, — il appelle mesdames
les Poules et leur abandonne son butin. Il fait mieux encore : si la friandise est trop volumineuse, il la brise à
coups de bec pour épargner cette peine à ses invitées.

Les hommes, qui tirent parti de tout, ont depuis longtemps exploité le courage de cet oiseau et l'ont fait servir à leurs plaisirs. Les combats de coqs étaient le jeu

favori des anciens Grecs. Ajoutons que ce jeu cruel est indigne d'un peuple civilisé.

Le Coq est un vrai brave, un oiseau chevaleresque qui se bat pour défendre ses droits et sans y être forcé par la famine. Ce n'est pas lui cependant qui mérite d'occuper le premier rang. Cet honneur revient à l'Agami, dont je vais vous parler.

Donc, dans l'ordre des Gallinacés, point d'espèces nuisibles.

LES GRIMPEURS

Les Grimpeurs sont ainsi appelés parce qu'ils ont deux doigts dirigés en avant et deux en arrière, ce qui leur permet de mieux se cramponner aux branches et de monter sur les troncs d'arbres dans toutes les directions.

Beaucoup d'autres oiseaux grimpent, — témoin les Grimpereaux, — et plusieurs Grimpeurs ne grimpent pas, — témoin le Coucou ; — néanmoins, tous les oiseaux dont les pieds sont conformés comme je viens de vous le dire appartiennent à cet ordre.

Les plus célèbres sont les Perroquets, les Toucans au bec énorme, les Anis, les Pics, etc. Ces derniers sont les protecteurs des forêts. Ils passent leur vie à fouiller l'écorce des arbres pour s'emparer des insectes qui s'y cachent et dont ils font leur nourriture ; ils sont sans cesse en mouvement et travaillent, avec une incroyable ardeur, du bec et des ongles.

Les Perroquets, dont certaines espèces ont le privilège d'imiter la voix humaine et dont certaines autres sont remarquables par la beauté du plumage, sont très nombreux et forment onze familles.

Cinq de ces tribus appartiennent à l'ancien continent ;
les autres habitent le nouveau monde.

Les Kakatoès, qui se distinguent par la huppe mobile
dont leur tête est ornée, sont les plus gros perroquets de
l'ancien continent.

Le beau parleur nous vient d'Afrique.

Les Aras, remarquables par leur joli plumage, sont les
plus gros perroquets d'Amérique.

Les uns et les autres ne savent que pousser quelques
cris discordants.

Le beau parleur nous vient d'Afrique : c'est le Perroquet cendré, qu'on appelle aussi *Jaco*. Il apprend sans
peine à prononcer les mots et semble désirer s'instruire.

Il écoute avec attention et souvent on est étonné de lui entendre prononcer certaines paroles qu'on ne s'était pas donné la peine de lui apprendre. Ce n'est que dans sa jeunesse qu'il montre cette étonnante faculté ; plus âgé, sa mémoire devient rebelle.

Ce Perroquet n'imite pas seulement la voix humaine, il apprend encore à danser et à contrefaire certains gestes.

Dans l'ordre des Grimpeurs beaucoup d'espèces sont utiles ; aucune n'est nuisible.

LES PALMIPÈDES

Les oiseaux de cet ordre se distinguent, je crois vous l'avoir déjà dit, par la membrane qui enveloppe les doigts jusqu'à l'ongle et par la disposition des pattes, placées en arrière du corps, ce qui leur rend facile l'exercice de la natation. Ce sont les seuls oiseaux qui aient quelquefois le cou plus long que les pattes. Leur plumage serré, lustré, poli, est imbibé d'une substance huileuse qui leur permet de séjourner longtemps dans l'eau, sans en être incommodés. Ce sont les seuls animaux qui nagent ayant le corps hors de l'eau.

Ces oiseaux, presque tous aquatiques, vivent de poissons et de mollusques.

C'est dans cet ordre que l'on trouve les meilleurs et les plus détestables voiliers. On les divise en quatre familles, savoir : les OISEAUX DE MER, les TOTIPALMES, les LAMELLIROSTRES, les PLONGEURS.

Les oiseaux de mer. — Les individus qui composent cette famille ont des ailes robustes qui leur permettent d'entreprendre de lointains voyages : comme exemple, je vous citerai le PÉTREL.

— Je le connais, me dit le caporal ; les marins l'appellent oiseau des tempêtes. Je connais aussi l'ALBATROS, le plus grand des oiseaux de mer, le GOÉLAND et la MOUETTE, oiseaux

Le plus grand des oiseaux de mer.

voraces que l'on prend à la ligne, comme les poissons : car ils se jettent sur tout ce qui a l'apparence d'une proie.

J'ai vu quelquefois un oiseau qui a des ailes beau-

Les marins prétendent qu'elle dort en volant.

coup plus grandes que le corps et qui dort en volant, à ce que disaient les camarades du bord ; on l'appelle Frégate.

— La FRÉGATE est, en effet, l'oiseau qui vole le plus

longtemps sans éprouver le besoin de se reposer. On rencontre des Frégates à quatre cents lieues de toute côte. Cet oiseau, grâce au développement de ses ailes, vole avec une grande facilité : on dirait qu'il nage dans les airs; cependant, malgré l'opinion des camarades du bord, je crois qu'il dort reposé sur la pointe de quelque roche élevée, seul endroit où il se pose. Lorsqu'il est à terre, il a beaucoup de mal à s'enlever, à cause de la longueur de ses ailes.

Vous croyez peut-être que c'est tout simplement pour se livrer à des exercices gymnastiques que la Frégate s'éloigne autant du rivage? Détrompez-vous. Elle y est obligée par son insatiable appétit.

Cet oiseau se nourrit exclusivement de poissons, surtout de poissons volants, qu'il happe au passage, comme l'hirondelle happe les moucherons.

La Frégate est une pêcheuse malhabile, et les jours où les poissons volants ne sortent pas de l'eau, elle risquerait fort de jeûner, si elle n'avait recours à un moyen aussi commode que déloyal : elle s'empare du butin des autres.

Dès qu'elle s'aperçoit qu'un Fou — autre oiseau de mer, excellent pêcheur — vient de faire une capture, la Frégate se précipite sur lui et, d'un vigoureux coup d'aile, l'oblige à dégorger sa proie, qu'elle attrape au vol.

Elle en use ainsi avec plusieurs autres oiseaux pêcheurs, mais c'est le Fou qui est son pourvoyeur ordinaire.

La Frégate et le Fou appartiennent tous deux à la famille des totipalmes.

Les totipalmes. — On appelle ainsi les oiseaux de mer dont le pouce est réuni aux autres doigts par une seule membrane ; ce qui leur constitue un pied totalement palmé

— de là le nom. — Chose très singulière, ce sont les seuls
oiseaux parmi les Palmipèdes qui perchent sur les arbres.

⚜

Un des plus gros Palmipèdes de cette famille, peut-être
le plus gros, qui est à la fois excellent voilier et pêcheur
intrépide, mérite d'être signalé, non parce que les anciens
poètes ont chanté ses vertus, mais parce qu'il possède un
de ces becs comme on n'en rencontre pas deux semblables dans la nature.

Je veux parler du fameux Pélican blanc, qui s'ouvre les
flancs pour nourrir ses enfants, ainsi que le dit la légende
et que le répètent les bateleurs de la foire.

Ce bec vaut la peine d'être décrit.

Aussi long que le reste du corps de l'animal, ce bec plat,
comprimé en dessus, se termine par un crochet. Cette
lame forme la mandibule supérieure. Elle s'emboîte dans
la mandibule inférieure, qui ne consiste qu'en deux branches flexibles auxquelles est attachée une membrane élas-
tique en forme de sac.

Lorsqu'elle est au repos, cette membrane se replie le
long du bec — de même que l'étoffe d'un parapluie
contre sa monture. — Quand elle est dilatée, elle forme
une poche qui peut facilement contenir vingt livres de
poissons.

C'est dans ce réservoir que le Pélican renferme le
produit de sa pêche, et c'est là qu'il puise lorsque la faim
le sollicite.

Le Pélican n'a de remarquable que ce bec original.
C'est bien à tort qu'on a fait de cet oiseau l'emblème de
l'abnégation et du dévouement : il n'est pas digne de tant
d'honneur et jamais réputation ne fut moins méritée. C'est,

au contraire, un individu fort égoïste qui laisse enlever ses œufs sans résistance et qui ne défend ses petits qu'avec une extrême mollesse.

Le Pélican, de même que ses congénères totipalmes et plongeurs, a le sens moral passablement oblitéré. Il ne possède ni la grâce, ni la beauté, ni les qualités du cœur et de l'esprit qu'on trouve chez la plupart des Passereaux

Loin de s'ouvrir les flancs, il ne défend même pas ses petits.

et chez quelques Rapaces, voire chez plusieurs Gallinacés. Ce gros Palmipède n'a d'autre mérite que sa force musculaire et son vigoureux appétit. Brutal comme le sont les gens de rivière, — ravageurs et braconniers, — il ne montre un peu d'intelligence que lorsqu'il s'agit de pêcher en eau trouble. En somme, le Pélican est un animal vorace et stupide. Il mange dans une séance autant de poissons qu'il en faudrait pour le repas de cinq hommes, et il avale, d'une seule bouchée, des carpes de deux kilogrammes. Il pêche matin et soir. Pendant la journée, il demeure comme pétrifié et ne sort de cette torpeur que pour vider son réservoir. Sa vie se passe donc à manger et à dormir.

Ce qui vraisemblablement a donné lieu à la légende qui se raconte encore au village, c'est que le Pélican, lorsqu'il élève ses petits, a souvent les plumes du jabot et de la poitrine ensanglantées. Le sang dont il est couvert provient des poissons qu'il découpe en menus morceaux avant de les distribuer à sa progéniture.

Les lamellirostres. — Les oiseaux de cette famille ont le bec épais, revêtu d'une peau molle avec les bords garnis d'espèces de lamelles : ce sont les Palmipèdes qui nous sont les plus familiers. Il suffit de citer les Cygnes, les Sarcelles, les Oies, les Canards.

Il glisse sur l'eau comme un traîneau sur la glace.

Le Cygne rivalise de taille avec le Pélican : il pèse jusqu'à vingt kilogrammes. Autant cet oiseau est léger,

gracieux dans l'eau, autant il est lourd et déplaisant sur
terre ; il semble boiter des deux côtés. Son gros corps, que
supportent deux courtes jambes aux larges pattes, n'a rien
de séduisant. Lorsqu'il nage, tout change ; on croirait
voir un autre animal : il glisse sur l'eau comme un traîneau sur la glace, et l'on ne peut trop admirer la souplesse
de ses mouvements, les molles ondulations de son cou et
l'élégance de ses formes.

Le Cygne n'est pas glouton ; il se nourrit de blé, de
racines et de plantes aquatiques. La femelle couve ses œufs
pendant deux mois, et les petits demeurent une année et
plus avant d'atteindre leur complet développement. C'est
l'oiseau qui est le plus long à se former ; aussi la durée
de son existence répond-elle à la lenteur de son accroisse-
ment. On assure que le Cygne peut vivre pendant un siècle.

A l'état sauvage, il habite les contrées septentrionales.

On prétend que les Oies sont des Cygnes dégénérés.
Je n'en crois pas un mot. Les Oies forment une variété de
l'espèce Cygne, de même que le chat est une des variétés
de l'espèce féline. Les Oies habitent plusieurs contrées
du Nord. Leurs migrations offrent le trait le plus intéres-
sant de leur histoire : nous en reparlerons.

On connaît plus de vingt espèces de Canards sauvages ;
quant aux espèces domestiques, on ne les compte plus.

Les Canards sont des oiseaux fort utiles à tous les points
de vue ; ils nous rendent de grands services, en attendant
qu'ils figurent sur nos tables.

Ce sont les oiseaux domestiques qui s'élèvent le plus aisément. Ils se nourrissent presque seuls et savent trouver leur pâture dans les mares et les ruisseaux. Omnivore, comme le porc et le rat, et vorace au même degré, le Canard se régale de toute substance alimentaire avec un égal appétit : il mange des fruits, du grain, des légumes, de la viande crue ou cuite, des insectes, des intestins d'animaux, du pain, des grenouilles, du fromage, des lézards, etc., etc. Il ne laisse séjourner aucun détritus. Toujours barbotant et fouillant, il passe sa vie à chercher quelque chose à manger.

C'est dans la famille du Canard que se trouve le fameux Eider, au chaud duvet.

Les plongeurs. — Ces oiseaux se distinguent par des ailes très courtes, et des pattes placées si fort en arrière, qu'ils sont obligés de se tenir presque verticalement, lorsqu'ils sont à terre. Ils volent très peu ou point du tout. En revanche, ils nagent et plongent parfaitement : ils se servent de leurs ailes comme de nageoires.

A cette famille appartiennent les PLONGEONS.

Ces oiseaux ne quittent les eaux qu'au moment de la ponte. Lorsqu'ils viennent à terre, ils se traînent en s'aidant de leurs ailes ; s'ils tombent, ils ont beaucoup de peine à se remettre debout ; ils peuvent voler cependant, mais ils n'usent de ce moyen de locomotion que fort rarement ; lorsqu'ils sont poursuivis, ils aiment mieux plonger que de s'enfuir en volant.

Les PINGOUINS et les MACAREUX ne sont pas meilleurs voiliers : ils ne peuvent qu'effleurer la surface des eaux en volant. Le grand Pingouin, qui habite les mers glaciales, a les ailes impropres au vol.

11

Le Manchot, lui, ne peut jamais voler; il n'a que des ailerons, des rudiments d'ailes, que l'on dirait couverts d'écailles, au lieu de plumes. Cet oiseau, à demi poisson, ne peut ni voler ni marcher.

Il habite les îles Malouines et les côtes de la Nouvelle-Guinée, la terre de Van Diémen et les terres australes.

Ils ne peuvent qu'effleurer la surface des eaux.

Son port singulier a toujours excité l'étonnement des voyageurs. A terre, il se tient debout et immobile. Comme ces oiseaux, au moment de la ponte, vivent en société nombreuse, ils ressemblent de loin à des pierres blanches dressées. On peut les approcher, les renverser, les fouler aux pieds sans qu'ils manifestent la moindre frayeur. Il faut les assommer à coups de bâton pour les faire sortir de leur calme imperturbable : on les croirait empaillés. On pourrait supposer qu'ils sont dépourvus de toute intelligence et même de l'instinct de conservation, si d'ailleurs on ne savait qu'ils sont presque dans l'impossibilité de se mouvoir, lorsqu'ils sont à terre.

— Ajoutez qu'ils sont détestables à manger : leur chair est dure et sent l'huile de poisson.

— Dans l'ordre des Palmipèdes, on ne trouve pas un seul oiseau nuisible : tous sont utiles à divers degrés. J'en appelle aux amateurs de pâté de foie gras et de canetons aux olives.

LES ÉCHASSIERS

Ces oiseaux sont remarquables par la longueur de leurs jambes, qui sont parfois tellement démesurées qu'on les croirait montés sur des échasses. — C'est pourquoi on les appelle Échassiers.

Ces oiseaux vivent habituellement sur le bord des étangs et des marais. Ils se nourrissent d'insectes, de petits mollusques aquatiques et terrestres.

Dans cet ordre, comme dans le précédent, on rencontre de bons et de mauvais voiliers, ainsi que des individus qui ne volent pas du tout.

Plusieurs de ces oiseaux nous rendent de grands services.

Tout d'abord, il faut citer le MARABOUT, l'ami de l'homme. Il remplit les fonctions d'agent de la salubrité publique. Il débarrasse les rues de toutes les ordures végétales ou animales qu'il rencontre sous sa patte.

Le Marabout est une espèce de Cigogne au bec puissant. Il a la tête pelée et le cou presque toujours enfoncé dans les épaules, on le dirait bossu. Son aspect n'a rien de séduisant. Il possède cependant un ornement qui est fort recherché : ce sont les plumes qu'il porte sous les ailes et dont les dames ornent leurs coiffures.

Qu'il soit beau ou non, le Marabout n'en est pas moins fort estimable.

Il habite l'Inde et le Sénégal.

Cet oiseau recherche la présence de l'homme. Dans les rues de Chandernagor et de Calcutta, on rencontre un grand nombre de ces oiseaux, explorant les tas d'immondices.

Dans ces pays, ils jouissent du privilège que je réclame pour les becs fins : les Marabouts sont placés sous la protection des lois. Quiconque tue un de ces oiseaux est condamné à plusieurs centaines de francs d'amende.

— Les Marabouts sont tellement familiers, dit le caporal, qu'ils se rendent chaque jour, à l'heure du repas, à la porte des casernes. Arrivés là, ils s'alignent comme des fantassins et attendent que les militaires leur abandonnent les restes de leur dîner et principalement les os, dont ils se montrent très friands.

— Du Marabout à la Cigogne, il n'y a que la différence du bec et du jabot.

La Cigogne ne pourrait certainement pas briser avec son bec le doigt d'un enfant, ce que le Marabout peut faire sans la moindre difficulté. Un bec aussi formidable ne lui est pas nécessaire : elle ne mange pas d'os. Elle se nourrit de petites proies, telles que souris, limaces, grenouilles, lézards, serpents, etc.

Les Cigognes sont nos amies, comme le seraient la plupart des oiseaux si nous étions moins cruels envers eux. Elles recherchent notre société et viennent bâtir leur nid sur les cheminées de nos maisons et sur les hauts édifices.

On les voit rôder dans les prairies et dans les champs à notre grand avantage, puisqu'elles font la chasse aux petits rongeurs qui détruisent les récoltes.

Elle fait la chasse aux grenouilles et aux souris.

Tous les ans, aux premiers beaux jours, les Cigognes arrivent dans les provinces du nord de la France, en Belgique, en Hollande et, de préférence, dans les contrées marécageuses. Généralement elles rentrent dans leur ancien nid, s'il n'a pas été trop endommagé par la saison d'hiver.

En quittant nos climats, les Cigognes se rendent en Palestine, en Égypte, où elles font une seconde couvée. Ces oiseaux appartiennent donc à plusieurs pays.

Quelques jours avant leur départ, on les voit se rassembler sur le haut des maisons, où elles paraissent tenir

conseil et se concerter pour le grand voyage. Les jeunes
font des excursions dans les environs pour essayer la
vigueur de leurs ailes et pour montrer à leurs parents
qu'elles sont en état de les suivre. Un beau jour, vers la

Elles établissent leur nid sur les plus hautes cheminées.

mi-août, ou plutôt une belle nuit, toutes les Cigognes disparaissent à la fois. Les retardataires que l'on trouve de-
ci de-là sur les cheminées, après cette époque, sont les
jeunes qui ont encore besoin de fortifier leurs ailes avant
d'entreprendre un si lointain voyage.

Les Cigognes établies en Europe s'entendent pour voyager de compagnie. On les voit passer par bandes si considérables qu'elles forment dans les airs des colonnes de dix kilomètres de longueur sur une largeur de six cents mètres.

Malgré son affection pour l'homme, la Cigogne ne consent pas à lui sacrifier sa liberté. A l'état domestique, elle ne fait que languir. Lorsqu'une troupe de Cigognes rencontre une des leurs captive, elles la tuent à coups de bec.

En Orient, ces oiseaux sont vénérés à l'égal des Ibis. Dans ces pays, les rats abondent à ce point que, sans les Cigognes qui les détruisent par millions, il ne resterait aucune moisson sur pied.

Soyons équitables et reconnaissons que ces échassiers ont trouvé grâce devant nos magistrats. Ces oiseaux sont placés sous la protection des lois. Pourquoi cette protection ne s'étend-elle pas sur les petits oiseaux?

— Ah! mon capitaine, dit le caporal en me parlant à l'oreille, si la chair des Cigognes était aussi bonne à manger que celle des petits oiseaux...

— C'est parmi les échassiers qu'il faut ranger l'Agami. Cet oiseau, originaire de l'Amérique méridionale, est de la taille d'un dindon. A l'état sauvage, il habite les tertres et les montagnes les plus élevées et se laisse difficilement approcher. Réduit à la domesticité, il s'apprivoise si bien qu'il devient familier au point de se rendre importun.

Quand l'Agami a pris possession d'une habitation, il commence d'abord par en chasser toutes les bêtes domestiques, telles que chiens, chats, singes, perroquets, etc. Il ne supporte aucun étranger dans la maison et tolère à peine les amis de son maître.

Il est avec ce dernier d'une extrême familiarité. Il s'approche hardiment et lui tend le bec ; si le maître tarde à lui donner quelque chose à manger, l'oiseau se fâche et fait entendre un cri qui ressemble au bruit du cornet à bouquin.

L'Agami ne recule devant personne. Il circule dans

Il ne craint rien et brave l'homme lui-même.

les rues les plus fréquentées sans donner le moindre signe de frayeur : il ne craint rien, pas même l'homme que redoutent les animaux les plus forts et les plus agiles. Non seulement l'Agami ne subit pas la volonté de l'homme ; c'est lui, au contraire, qui impose la sienne à son maître, qu'il finit toujours par vaincre à force de ténacité.

Lorsqu'un Agami a pris quelqu'un en amitié, il faut que ce quelqu'un subisse cette amitié, bon gré mal gré.

L'oiseau accompagne en tout lieu le maître qu'il s'est choisi, et il l'attend à la porte des maisons, pendant des heures entières, comme le chien le mieux dressé.

Cet oiseau aime beaucoup les caresses : à chaque instant, il vient présenter son cou, afin qu'on le lui gratte. Si son maître lui refuse cette faveur, l'Agami le sollicite avec plus d'instance. Tant qu'il n'a pas reçu la somme de caresses qu'il désire, l'Agami recommence ce manège et présente sa tête avec une persistance, une opiniâtreté qui lassent les personnes les plus patientes.

C'est pour cette raison que les propriétaires acceptent difficilement l'amitié tyrannique de cet oiseau. On en est bien vite fatigué et l'on finit toujours par s'en défaire.

Cet oiseau, qui est toujours prêt à l'attaque et jamais à la retraite, se fait craindre des bêtes et des gens ; aussi a-t-on utilisé son courage et son caractère autoritaire.

Les fermiers se servent de l'Agami en qualité de berger. Cet échassier apporte dans l'exercice de cette fonction une vigilance et un zèle étonnants. Les bestiaux lui obéissent et semblent le redouter plus que les chiens, plus que le pâtre lui-même.

Il n'est pas rare de rencontrer au Mexique des troupes considérables de chevaux conduites et gardées par un seul Agami.

Dans l'ordre des échassiers on trouve quantité de sujets utiles : aucun n'est nuisible.

LES RAPACES

L'ordre des rapaces se divise en deux sections : les Rapaces diurnes et les Rapaces nocturnes.

Ce sont les Rapaces nocturnes qui nous sont les plus connus. Ils habitent tous les pays tempérés et se logent pendant le jour dans de vieilles masures abandonnées, dans des cavernes, dans le creux des arbres ou sous quelques buissons touffus et sombres. Tels sont les Hibous, les Chouettes, les Chats-huants, les Effraies, les Ducs, etc. ; ils ne forment qu'un genre.

Après le coucher du soleil, ces oiseaux sortent de leur retraite et donnent la chasse aux souris, mulots, campagnols et autres petits rongeurs qui ravagent les moissons. Ils ne respectent pas toujours les perdrix et les lapereaux ; mais, que voulez-vous, faute de merles, on

Elle ne sort que pendant la nuit.

mange des grives. Les maraîchers ne s'en plaignent pas. Ils trouvent que les lapins et les lièvres aiment trop les carottes et les choux.

— Ce qui n'empêche pas les fermiers et les maraîchers de tuer Chouettes et Hibous et de les clouer sur la porte de leur grange, pour apprendre à tout venant que les fermiers et les maraîchers sont plus barbares et plus ingrats que les sauvages du Cap.

— Le vol des oiseaux de proie nocturnes est si léger que, lorsqu'ils voltigent autour de vous, on sent l'air que déplacent leurs ailes, mais on ne les entend pas. S'ils avaient le vol bruyant, mesdames les souris, qui ont l'oreille fine et les pattes agiles, leur échapperaient facilement.

Les Rapaces diurnes vivent au grand jour et sont beaucoup plus robustes que les précédents : l'Aigle, le Condor, le Vautour, le Milan, etc., sont des Rapaces diurnes.

L'Aigle, dont on a fait le roi des oiseaux, n'est ni le plus fort, ni le plus gros, ni le plus courageux de la gent emplumée ; mais c'est celui qui a les goûts les plus raffinés : il ne se nourrit que de proies vivantes, dont il ne mange que les parties les plus délicates. Jamais il ne touche aux cadavres.

L'Aigle habite les hautes montagnes d'Europe : on le trouve dans les Alpes, les Pyrénées, en Irlande, etc.

Lorsqu'il est poussé par la faim, l'Aigle enlève les agnelets, les chevreaux, sous les yeux du berger et quelquefois aussi les petits enfants endormis dans les champs.

La témérité de cet oiseau et ses appétits sanguinaires le rendent extrêmement redoutable.

Le Condor habite l'Amérique méridionale. Il établit son aire sur les plus hauts pics des Cordillères des Andes, qui sont à près de huit mille mètres au-dessus du niveau de la mer. De là, il s'élance, monte encore et plane au-dessus de son nid. C'est l'oiseau qui s'élève le plus haut dans les airs et qui voit de plus loin. C'est aussi le plus robuste, le plus vorace et le plus grand des oiseaux de proie. Sa force est telle qu'il peut facilement enlever un mouton, une chèvre, un faon de biche, un veau, etc. Il enlève quelquefois les chiens qui gardent les troupeaux. Il fait de grands ravages parmi les bestiaux.

Les Condors sont très méfiants. Ils se tiennent toujours hors de la portée des armes à feu. Cependant les Péruviens et les Chiliens, qui leur font la guerre à cause de leurs déprédations, savent les attirer dans des pièges et ils en détruisent un grand nombre : la gloutonnerie de cet oiseau cause sa perte.

Voici comment les chasseurs procèdent :

Ils conduisent dans une vallée étroite un vieux cheval qu'ils abattent sur place. Puis, ils se cachent dans les

C'est le plus fort des Rapaces.

taillis. A la nuit tombante, les Condors quittent leurs repaires et, guidés par leur odorat qui est très fin, ils ne tardent pas à découvrir la proie, toute fraîche encore, qui leur est offerte. Ils s'abattent sur cette proie et s'en gorgent tant et si bien qu'ils ne peuvent reprendre leur vol qu'avec une extrême difficulté.

Les chasseurs profitent de ce moment pour les assommer à coups de bâton.

Les Condors font payer cher leurs services; mais enfin ils en rendent, puisque, à défaut de chair fraîche, ils se repaissent de cadavres.

Les Rapaces les plus utiles sont bien certainement les Vautours. Ils partagent avec l'Hyène, le Chacal, le Rat, le Marabout et certains Insectes les fonctions de nettoyeurs de la terre. Ces oiseaux, qui ne se nourrissent que de chair morte, débarrassent le sol des cadavres dont la décomposition empoisonnerait l'air de miasmes pestilentiels.

Les Vautours habitent les montagnes de l'Afrique, de l'Asie et de l'Amérique méridionale.

On prétend qu'ils sont aussi lâches que voraces. A ce propos, j'ouvre une parenthèse.

Les anciens écrivains et beaucoup de modernes, à leur exemple, accordent la palme du courage à certains animaux qui ne sont certainement pas dignes de cet honneur. C'est ainsi qu'ils regardent le Lion et le Tigre, parmi les mammifères ; l'Aigle et le Condor, dans la classe des oiseaux ; le Crocodile et le Boa, chez les reptiles ; le Cachalot et le Requin, dans le monde de la mer, comme les plus braves animaux de leur espèce.

Si l'on veut se donner la peine de réfléchir, on remarquera que les individus cités n'ont pas grand mérite à se montrer vaillants, puisqu'ils sont les plus forts, les plus agiles, les mieux armés pour l'attaque, et qu'ils sont stimulés par un impérieux appétit. Il est aisé d'être courageux quand on s'attaque à plus faible que soi et que, d'avance, on est sûr de la victoire. La faim, d'ailleurs, n'est-elle pas suffisante pour rendre audacieux le plus timide ?

Ces animaux sont les plus forts de leur espèce, voilà tout. Je nie qu'ils en soient les plus courageux.

Combien je leur préfère le Coq et l'Agami, dont je viens de vous parler; l'Ours et le Hamster, dont je vous parlerai bientôt. Ce sont là de vrais braves; — ils n'ont pas d'armes puissantes au service d'une grande force musculaire, l'Ours excepté; — ils ne sont pas obligés de batailler pour se remplir l'estomac, puisqu'ils ne sont pas carnivores, excepté l'Ours qui l'est à ses heures. — Néanmoins, ces animaux ne reculent pas et ils acceptent le combat avec des adversaires dix fois, cent fois plus forts qu'eux. Lorsqu'on voit le Hamster, qui n'est qu'une espèce de rat, et pas des plus gros, s'élancer sur un chien mâtin; quand on voit l'Agami, qui est moins robuste qu'un dindon, lutter contre les plus grands animaux et contre l'homme lui-même, on ne peut s'empêcher d'admirer leur courage et de le trouver bien supérieur au courage des bêtes féroces, qui font le métier d'égorgeurs et qui sont armées pour cet office.

Cela dit, je ferme la parenthèse et je retourne au Vautour.

Le Vautour n'est ni plus ni moins lâche que les autres animaux de proie. Il se montre audacieux quand la faim l'aiguillonne et il s'endort quand il a l'estomac plein.

C'est ainsi que se conduisent la plupart des carnassiers. Quelques-uns font exception et semblent toujours prêts au carnage. Ce sont les animaux qui mangent peu et qui se nourrissent principalement du sang de leurs victimes; tels sont le Tigre, la Belette, le Furet, etc.

Les Vautours sont des oiseaux très précieux dont il faut respecter la vie. Par exemple, il ne faut pas trop s'en approcher : ils ne sont vraiment pas ragoûtants. Ils exhalent une odeur fétide, provenant de leur régime alimentaire, et répandent par les narines une matière visqueuse et jaunâtre fort repoussante. Comme ils ne recherchent pas notre société, rien ne nous oblige à rechercher la leur:

Paix donc à ces auxiliaires utiles ; laissons-les accomplir leur besogne : qui donc voudrait s'en charger ?

En résumé, parmi les sept mille espèces d'oiseaux connues, il n'y en a peut-être qu'un seul qui nous soit véritablement nuisible.

C'est précisément cet oiseau-là que les anciens poètes ont divinisé et auquel les naturalistes ont donné le titre de roi des airs. Les païens le regardaient comme l'oiseau chéri de Jupiter et lui faisaient porter les foudres du maître des dieux. Les chrétiens, à leur imitation, lui firent porter l'Évangile.

Aucun animal n'a été plus honoré que cette bête nuisible. Presque tous les peuples, à commencer par les anciens Perses, le placèrent sur leurs étendards et le représentèrent sur les monnaies. Ils regardaient son image comme le symbole de la majesté et de la victoire. De nos jours, on voit son portrait sur les drapeaux de la Russie, de l'Allemagne, de l'Autriche, etc. ; naguère, on le voyait sur le nôtre : n'est-il pas encore sur presque tous nos gros sous ? Son nom a conservé son prestige, et c'est le plus grand éloge qu'on puisse faire d'une personne que de lui donner la qualification d'AIGLE.

— C'est tout de même bien drôle que les hommes n'accordent leur estime et leur admiration qu'à ceux qui leur font du mal.

— Les hommes honorent ceux qu'ils craignent, mon cher caporal. Autrefois, quand la loi du plus fort était l'unique règle, quand la force brutale procurait la richesse et donnait la puissance, on considérait naturellement la force comme le plus bel apanage.

On s'explique donc pourquoi les conquérants ont pris l'Aigle pour enseigne. Ce que l'on comprend moins, c'est qu'on ait fait du nom de cet oiseau le symbole du

L'oiseau nuisible est moins intelligent qu'une Oie.

génie, l'Aigle étant beaucoup moins intelligent que l'Oie, dont le nom est presque une injure.

— Oui, bête comme une Oie !

— Je pense vous avoir suffisamment démontré l'utilité des oiseaux.

Avant de clore ma plaidoirie et de terminer ce chapitre, je veux vous présenter quelques sujets remarquables à un titre quelconque.

Le bec et les pattes des oiseaux sont conformés suivant leur genre de vie. Ainsi les Rapaces, qui ne vivent que de proie, ont le bec solide, court et crochu, propre à déchirer les chairs ; des pattes courtes, fortes, armées de

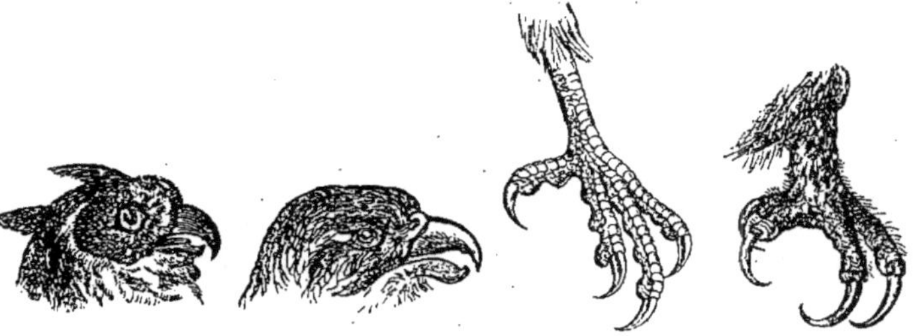

Des becs et des pattes...

serres puissantes qui leur permettent d'enlever des animaux presque aussi gros qu'eux-mêmes.

Les Passereaux, les Grimpeurs, les Gallinacés, qui ne vivent que de graines et d'insectes, ont généralement le bec droit. Les Échassiers, qui sont pour la plupart des oiseaux de rivage, se reconnaissent à leurs jambes grêles ; quelques-uns ont le bec très long ; d'autres ont le bec assez court, mais le cou fort allongé. Ces oiseaux, n'étant pas nageurs et vivant presque toujours sur le bord des eaux, avaient besoin de longues jambes pour ne pas se mouiller, ou d'un long bec ou d'un long cou pour aller chercher dans la vase les mollusques et les reptiles dont ils se nourrissent. Les Palmipèdes, qui sont des nageurs, devaient être pourvus de rames. C'est pourquoi leurs jambes sont courtes et leurs pieds palmés.

12

Cependant, à ne juger que par les pattes et le bec, on pourrait quelquefois se tromper.

Ainsi le Perroquet, qui ne vit que de végétaux, possède un bec puissant et crochu qui rappelle celui des Rapaces. Les Flamants, qui ne nagent pas, ont les doigts des pieds palmés. Le Messager, oiseau de proie du Cap, qui se nourrit de serpents, — on l'appelle aussi Serpentaire, — a des jambes d'Échassier.

Le Toucan d'Amérique a un bec formidable, presque aussi volumineux que le reste de son corps et dont on ne comprend pas bien l'utilité.

Bernardin de Saint-Pierre dit quelque part que ce bec est nécessaire au Toucan pour chercher les insectes éparpillés dans les sables humides du rivage; mais cette explication n'est pas satisfaisante. Beaucoup d'autres oiseaux se nourrissent d'insectes aquatiques, sans être affligés d'un bec aussi monstrueux. Nous savons que tout a sa raison d'être, mais nous sommes loin de connaître tous les secrets de la nature ; il ne faut pas trop se hâter de les expliquer, sans quoi l'on s'expose à des mécomptes. Bernardin de Saint-Pierre n'a pas trouvé le mot de l'énigme.

Qui pourrait dire à quoi sert la pièce osseuse que les Calaos portent soudée à la naissance du bec? A voir ce morceau d'os, qui dans certaines espèces acquiert des dimensions relativement considérables, on jurerait que ces oiseaux ont deux becs appliqués dos à dos.

Les Calaos sont des Passereaux qui habitent les contrées chaudes de l'ancien continent. Ils s'acclimatent assez bien dans nos pays.

Le bec du Toucan et du Calao me remet en mémoire certains becs singuliers que je veux vous signaler :

Le Savacou, espèce de Héron du Brésil, a un bec
dont les deux mandibules sont renflées et bombées au
milieu et qui se terminent en pointe ; on jurerait deux
cuillères appliquées l'une contre l'autre, la partie convexe
en dehors.

Un autre drôle de bec est celui d'un petit Échassier
qu'on rencontre sur les côtes d'Europe et qu'on appelle
Huitrier. Le bec de cet oiseau a la forme d'une hache, ce
qui lui permet d'ouvrir les moules, les huîtres et autres
mollusques à coquille dont il fait sa principale nourriture.

La Spatule, autre Échassier qui habite le cap de
Bonne-Espérance, a le bec aplati dans toute sa longueur,
très large et arrondi à son extrémité. Ses plaques ont
absolument la forme des spatules dont les pharmaciens
font usage ; de là le nom de cet oiseau.

La Spatule a des mœurs semblables à celles de com-
mère la Cigogne ; elle bâtit son nid dans les contrées
tempérées de l'Europe et dans le voisinage de la mer,
particulièrement en Hollande.

Vers la fin de l'été, elle regagne les pays chauds.
Cet oiseau est très familier ; il court dans les villages et
fait la chasse aux reptiles, sans se préoccuper de la présence des habitants. J'entends les villages du Cap et leurs
habitants à peau d'ébène, non les autres. La Spatule se

garde de trop s'approcher des Européens : elle sait, par

Comme la spatule des pharmaciens.

expérience, ce que les oiseaux peuvent attendre des gens civilisés.

Le bec de l'Avocette ne ressemble en rien aux pré-

Avec un pareil bec, elle ne peut se nourrir que de substances molles.

cédents. L'Avocette est un petit Échassier de la taille d'un pigeon et qui fréquente les plages de l'Océan. Son bec,

long de dix centimètres environ, très étroit, recourbé
en arc de cercle, la pointe en l'air, n'a pas son pareil
dans le monde des oiseaux. Il est clair, d'après la forme
de ce bec, que l'Avocette ne peut se nourrir que de substances molles qu'elle doit enlever de la surface des eaux,
de même qu'on enlève l'écume d'un pot-au-feu.

Sur les côtes de la Caroline et de la Guyane se trouve
un oiseau dont le bec est composé de deux pièces très
inégales ; la mandibule inférieure avance hors de toute
proportion et dépasse de beaucoup la mandibule supérieure. Cette dernière tombe sur l'autre comme la lame
d'un rasoir sur son manche. Avec un pareil bec, l'oiseau ne peut ni becqueter, ni rien ramasser ; il ne peut
qu'enlever sa proie en dessous en rasant la surface des
eaux.

Cet oiseau vit de poissons et porte le nom de Bec-en-
ciseaux.

Il y a encore plusieurs autres oiseaux dont le bec est
singulier, mais ceux que je viens de vous citer sont les
plus remarquables.

Un oiseau qui a tous les instincts des Rapaces, bien
qu'il appartienne à l'ordre des Passereaux, c'est l'Écor-
cheur. Cet oiseau est de la famille des Pies-grièches.
Il se nourrit d'insectes et aussi de la chair des petits
oiseaux.

Il a le bec crochu des oiseaux de proie, mais ses
pattes ne sont pas faites pour saisir. Il supplée à cet avan-

tage, que lui a refusé la nature, par un procédé fort ingénieux ; il fait des provisions et s'assure du produit de sa chasse en embrochant ses victimes sur des épines. Il n'est pas rare de voir, autour de son domicile, une foule de scarabées et de petits oiseaux empalés de la sorte.

Je vous ai parlé des bons nageurs, des voiliers intrépides, des barboteurs aux longues jambes, et je ne vous ai rien dit encore des oiseaux de course, appelés Autruches, Émeus, Casoars, Nandous, qui appartiennent à l'ordre des Échassiers, tribu des Coureurs, et qui sont, en même temps, les plus gros personnages de la gent emplumée.

Ces oiseaux, de même que les Pingouins et les Manchots, n'ont que des rudiments d'ailes : ils ne peuvent s'élever dans les airs. En revanche, ils ont des jambes très robustes qui leur permettent de courir et de lutter de vitesse avec les meilleurs chevaux.

Les Autruches habitent les déserts de l'Afrique et de l'Asie. Elles vivent par troupes de quarante à cinquante individus. Les femelles déposent leurs œufs dans un trou qu'elles creusent dans le sable. Plusieurs femelles pondent dans le même nid et couvent alternativement, comme les Anis, dont je vous ai parlé.

Les Autruches ont soin de placer à côté de leur nid d'autres œufs qui sont destinés, dit-on, à servir de première nourriture aux petits qui doivent sortir des œufs couvés.

Les Autruches se nourrissent d'herbages qu'elles broutent à la manière des Oies. Les muscles de leur estomac sont tellement robustes, qu'elles avalent du bois, des pierres, du fer, des éclats de verre, etc., sans en être incommodées.

Elles ne volent pas, mais elles courent plus vite qu'un cheval.

La chasse de l'Autruche est le plaisir favori des Arabes. Ils la poursuivent, montés sur des chevaux infatigables, à travers les sables brûlants, et cette chasse à courre dure quelquefois une semaine entière. L'Autruche, vaincue par la fatigue, se couche, cache sa tête dans le sable et attend la mort avec résignation.

Cet oiseau n'est cependant pas dépourvu de moyens de défense. Ses tronçons d'ailes font des blessures profondes; d'un coup de bec il peut briser le bras d'un enfant, et d'un coup de patte éventrer un homme : il fait rarement usage de ses armes.

L'Autruche s'apprivoise aisément, mais son naturel insoumis la rend impropre à toute espèce de service; cependant, certaines tribus arabes parviennent à la contraindre au travail. Les Africains élèvent l'Autruche pour ses plumes qui sont très recherchées et pour ses œufs qui sont un excellent manger.

Le Casoar est un habitant de l'Asie centrale. A voir son maintien sauvage, son œil farouche, sa crête cornée en forme de casque, on le croirait féroce : il est lâche, au contraire. Loin de rechercher le combat, le Casoar fuit au moindre danger.

Son corps est couvert d'un plumage particulier qui, à première vue, ressemble plus à du crin qu'à de la plume. Il n'a que des tronçons d'ailes, terminés par cinq piquants plus durs et plus forts que les piquants du porc-épic. Cet oiseau ne se sert pas de son bec pour se défendre; il ne fait usage que de ses jambes. Il décoche des ruades à la façon des chevaux, mais de côté.

Il est aussi vorace que l'Autruche et avale tout ce qui peut entrer dans son bec.

Le Nandou, aussi appelé Autruche du nouveau monde, tient de l'Autruche par sa forme générale, et du Casoar par le plumage.

Cet oiseau a les mêmes mœurs que les précédents. Nandou, Émeu, Casoar et Autruche sont les géants de l'espèce oiseau. Certaines Autruches d'Afrique ont trois mètres de hauteur.

L'ÉMEU ressemble au Nandou; il habite l'Australie.

— Étant à Madagascar, dit le caporal, j'ai entendu raconter aux gens du pays qu'autrefois, dans leur île, vivait un oiseau presque aussi haut qu'un Dromadaire et qui pondait des œufs deux fois plus gros que la tête d'un homme. Cette histoire m'aurait fait rire si elle m'avait été racontée par un camarade des bords de la Garonne; racontée par ces moricauds de Malgaches, je n'ai pu la digérer. Pensant qu'ils se moquaient de moi, je les ai quelque peu bousculés : n'ai-je pas bien fait?

— Non, mon ami, vous n'avez pas bien fait; les Malgaches ne s'étaient pas moqués de vous. L'oiseau dont ils vous ont parlé a vraiment existé. Sa race est éteinte aujourd'hui, mais on possède encore des échantillons de ses œufs. Ils sont monstrueux et ne mesurent pas moins de $0^m,35$ de longueur. Ils peuvent contenir près de neuf litres d'eau, c'est-à-dire dix fois plus qu'un œuf d'Autruche et cent quarante-quatre fois plus qu'un œuf de Poule.

Cet oiseau devait être gigantesque et dépasser $3^m,50$ de hauteur. Il était donc plus haut qu'un Dromadaire et rivalisait avec la Girafe, le plus haut des mammifères.

Cet oiseau portait le nom d'ÉPYORNIS. Vous pouvez voir un de ses œufs dans les galeries du Muséum d'histoire naturelle de Paris.

Vous avez donc eu tort de bousculer les Malgaches.

— A la prochaine rencontre, je leur ferai mes excuses, dit mon interlocuteur en allumant sa pipe.

❦

— Puisque les extrêmes se touchent, passons de ces géants aux nains, passons aux Oiseaux-Mouches, les plus petits des oiseaux.

Ces mignonnes et charmantes créatures devraient plutôt s'appeler Oiseaux-Papillons, ayant plus d'un point de ressemblance avec les Lépidoptères. Ils sont revêtus de brillantes couleurs; ils voltigent de fleur en fleur, et, pour compléter l'analogie, l'Oiseau-Mouche, de même que le Papillon, vit du nectar qu'il va puiser dans le calice des fleurs.

❦

L'Oiseau-Mouche est un bijou volant. Son plumage, à reflets métalliques, est nuancé de mille couleurs. Il porte sur la tête une aigrette vert doré qui miroite au soleil, comme des éclats de pierres fines. Son vol est si précipité qu'on ne peut le suivre du regard : il semble immobile dans les airs.

Le nid que construit ce minuscule oiseau est moins volumineux que la moitié d'une pêche de verger et présente à peu près la même forme. Ce nid, fait de bourre soyeuse, contient ordinairement deux œufs qui ne sont guère plus gros que des pois.

Le mâle et la femelle couvent, tour à tour, pendant douze jours. Le treizième jour, les petits brisent leurs coquilles. Ils sont alors si frêles et si délicats qu'ils ressemblent plutôt à des insectes qu'à des oiseaux. La mère

nourrit ses petits en leur donnant à sucer sa langue
toute chargée d'œufs d'insectes et tout emmiellée du
suc des fleurs.

Ces ravissants petits animaux habitent, en nombre
considérable, les plus chaudes contrées de l'Amérique.
Ils sont d'un naturel très batailleur et ne cessent de
becqueter la main qui les retient captifs.

Les Colibris ne diffèrent des Oiseaux-Mouches que
par la forme du bec ; le bec du Colibri est arqué, celui
de l'Oiseau-Mouche est droit.

— Je voudrais bien voir un œuf d'Épyornis à côté d'un
œuf d'Oiseau-Mouche, cela serait drôle. Si un œuf de ce
géant des oiseaux peut contenir cent quarante-quatre
œufs de Poule, combien pourrait-il contenir d'œufs
d'Oiseau-Mouche ?

— Peut-être cinquante mille.

— Je regrette de plus en plus d'avoir bousculé les Ma-
décasses. Ainsi que vous me l'avez maintes fois répété, le
vrai n'est pas toujours vraisemblable.

D'après l'opinion d'entomologistes distingués, il résulte que l'invasion du Phylloxera ne peut être attribuée
qu'à la destruction d'une grande partie des Oiseaux-Mouches, Colibris et autres petits oiseaux. Cette opinion
semblera toute naturelle aux personnes qui s'occupent
d'ornithologie. Ces personnes savent, à n'en pas douter,
que les petits oiseaux, seuls, peuvent combattre victorieu-
sement les insectes et s'opposer à leur prodigieuse multi-

plication, soit en détruisant les larves, soit en dévorant les insectes parfaits et surtout les œufs qu'ils vont déposer dans des endroits qui ne sont accessibles qu'à l'oiseau.

Il faut que je vous lise l'extrait d'une lettre qu'un de mes amis de la Guyane m'écrit à ce propos :

« Ces insectes (le Phylloxera) déposent leurs œufs sur les feuilles de vigne, dont ils piquent le tissu. Ces piqûres forment une espèce de galle dont chaque bouton contient environ deux cents œufs. Les larves, à la sortie de ces œufs, descendent dans les racines qu'elles ravagent.

« A la troisième génération, un couple peut donner, dit-on, huit millions d'individus.

« Après sa métamorphose, l'insecte est pourvu d'ailes.

« Tandis que les sujets sédentaires passent d'une racine à l'autre et dévorent les souches, ceux qui ont des ailes s'élèvent dans les airs et forment des nuages que le vent emporte au loin. Ainsi l'air et la terre servent également à la propagation de ce fléau.

« Personne, jusqu'à présent, n'a trouvé le moyen de détruire cette vermine, ou du moins d'en arrêter l'essor. Autrefois, les petits oiseaux l'empêchaient de se trop multiplier ; mais, depuis que les femmes ont adopté la coutume de porter sur leur tête des Oiseaux-Mouches, des Colibris et même des oiseaux d'assez forte taille, les Américains, stimulés par l'appât du lucre, ont fait un épouvantable carnage des petits oiseaux et ont détruit l'équilibre.

« Aujourd'hui, le Phylloxera règne en maître, et Dieu sait quand nous en serons délivrés. »

Vous n'ignorez pas, caporal, que le Phylloxera a été importé dans nos vignobles par des plants venus d'Amérique. On peut donc, sans être taxé d'exagération, dire et écrire que c'est la coiffure des dames qui nous obligera bientôt à boire de l'eau et qui a causé la perte d'une grande partie de nos vignobles, la richesse de la France.

N'est-ce pas également pour obéir aux caprices de

Il rivalise avec l'Oiseau de paradis.

la mode que les habitants de la Guinée et de l'Océanie

font une guerre impitoyable aux Paradisiers et aux Lyres, les plus jolis oiseaux de la création.

Le Menure-Lyre est un Passereau un peu moins gros que le faisan, et l'unique de son espèce. Son plumage, d'un gris brunâtre, n'a rien de remarquable, mais la queue du mâle est ravissante. Cette queue est composée de seize plumes très longues, dont les deux extrêmes se recourbent comme les branches d'une lyre.

Ce rival des Paradisiers est un oiseau chanteur. Il habite l'Australie.

Avez-vous déjà vu un Oiseau de Paradis ? C'est l'enfant gâté de la nature : « Il éblouit les yeux par l'éclat de son plumage, il charme par la légèreté de ses mouvements ; il séduit par sa voix mélodieuse, » dit Buffon.

Quiconque a vu un de ces Passereaux ne peut l'oublier. Il est impossible, même à l'imagination la plus heureuse, de concevoir rien de plus élégant et de plus poétique que cet oiseau.

Lorsqu'il voltige de branche en branche étalant son plumage vaporeux, on croirait voir une de ces créatures fantastiques qui ne se montrent que dans les rêves. Les plumes dont il est paré semblent faites avec la gaze la plus légère. Deux touffes, semblables à des flocons d'écume, s'échappent de ses ailes et se prolongent bien au delà de la queue. De ce panache aérien sortent deux filets longs et flexibles qui s'agitent au moindre souffle de l'air et qui affectent les courbes les plus gracieuses.

La longueur de ce plumage et sa consistance duveteuse empêchent l'oiseau de voler lorsqu'il fait du vent. Aussi est-il obligé de s'élever dans les plus hautes régions de l'atmosphère pour y trouver le calme. Lorsqu'il voltige d'arbre en arbre, pour y chercher les épices et les insectes dont il se nourrit, il semble qu'il nage dans une nuée d'opale.

Les couleurs de cet oiseau sont vaporeuses, comme son plumage, excepté la gorge qui est d'un vert émeraude brillant. La tête et le cou sont d'un jaune pâle ; la poitrine et le ventre sont bruns; les ailes couleur noisette ;.

C'est l'enfant gâté de la nature: il a toutes les grâces et toutes les beautés.

les longues plumes de sa fausse queue sont blanches,. mêlées de filets gris, ce qui leur donne une teinte incertaine. Ses pieds, qu'il ne montre jamais, sont dissimulés. sous le plumage.

A l'époque de l'incubation, les Paradisiers se cachent dans les retraites les plus impénétrables et semblent vouloir dérober aux regards indiscrets leur vie de famille. Ces particularités ont fait croire aux bonnes gens du pays que ces oiseaux n'avaient pas de pieds et qu'ils.

allaient nicher au paradis. C'est probablement de là que vient leur nom.

En somme, rien de plus admirable que cet oiseau : sa beauté, son élégance, ses grâces, son chant et jusqu'à ses mœurs un peu mystérieuses font de lui la plus ravissante des créatures. On dirait que Dieu, en dotant cet oiseau de toutes les magnificences, a voulu le rendre particulièrement cher à l'homme, ainsi que le fait observer le grand naturaliste.

Malheureusement, l'homme — ce roi de la création, comme il s'appelle — s'imagine que l'univers a été créé exclusivement à son usage. Dans sa hâte de jouir, il abuse de sa puissance et frappe indistinctement ses amis et ses ennemis.

Il pèche par ignorance ; c'est là son excuse, car, à moins d'être fou, on ne se maltraite pas soi-même.

— Il faut l'instruire, mon capitaine.

— Oui, il faut l'instruire, cher ami, il faut l'instruire d'un seul coup, pour ainsi dire, et ne lui apprendre, tout d'abord, que ce qu'il lui est absolument indispensable de savoir ; il faut l'instruire en lui présentant de la science toute faite, sans le préoccuper d'aucun détail et surtout sans surcharger sa mémoire de connaissances dont il n'aura jamais l'emploi.

Si j'étais assez savant, je composerais un ouvrage dans lequel je voudrais que les enfants apprissent à lire.

Dans ce livre je ne parlerais ni de l'organisation des animaux et des plantes, ni de la composition des minéraux. Laissant de côté les classifications et tout le bagage scientifique, je ne m'occuperais que de la question ex-

clusivement et brutalement pratique. — J'indiquerais
de mon mieux, et le plus clairement possible, les propriétés usuelles des animaux, des plantes et des minéraux les plus nécessaires. Je tâcherais de les faire connaître à mes petits lecteurs au moyen de dessins très
exacts et artistement gravés. Étendant le cercle de mes
renseignements, j'indiquerais les propriétés des gaz, des
acides, de la vapeur, du chaud, du froid, etc., sommai-
rement, sans aucune explication scientifique.

Arrivés à la fin de mon livre, les enfants connaî-
traient de nom et de vue ce qui est utile et ce qui est nuisible, ce qu'il est bon de faire et ce qu'il faut éviter. Rien ne
les empêcherait, plus tard, d'étudier l'histoire naturelle,
la chimie, la physique, etc., telles qu'on les enseigne dans
les lycées. La lecture de mon ouvrage les aurait déjà
familiarisés avec elles. Connaissant les effets, ils seraient
bien certainement curieux de connaître les causes.

Ce qui m'encouragerait à publier cette espèce de
manuel de connaissances pratiques, c'est que la plus
grande partie des élèves villageois quittent l'école après
leur douzième année; de façon que beaucoup d'hommes
ne reçoivent d'autre instruction que celle de l'enseigne-
ment élémentaire.

Par malheur, je ne suis pas assez savant pour entreprendre un pareil ouvrage, et les professeurs le sont trop.

Nous nous sommes, peut-être, occupés des oiseaux
avec trop de complaisance, mon cher auditeur. Il nous
faudra maintenant passer rapidement en revue les travailleurs des autres groupes. Ce sera, s'il vous plaît, l'objet de notre prochaine causerie.

ENCORE DES OUVRIERS

Les Mammifères, nous l'avons dit, sont des animaux supérieurs. Cette classe renferme les plus considérables et les plus forts des animaux, ceux qui sont le mieux doués sous le rapport de l'intelligence et qui sont le plus susceptibles d'éducation. Ce sont les animaux qui se rapprochent le plus de l'homme. Les sentiments et les facultés paraissent plus développés chez eux que chez les autres bêtes.

La manière dont ils élèvent leurs petits exige, en effet, une grande somme de courage, une vigilance extrême, une tendresse assidue et des qualités de cœur qu'on ne remarque pas souvent en dehors de cette classe.

Les Mammifères sont des animaux supérieurs, c'est chose entendue et bien constatée ; mais ces animaux supérieurs sont, pour la plupart, d'une ineptie complète au point de vue industriel.

Dans cette classe on ne trouve que fort peu d'ouvriers ; encore faut-il chercher parmi les plus humbles et les plus chétifs pour découvrir quelques individus sachant travailler. Le Lion, le Tigre, la Panthère, l'Ours, l'Éléphant, le Cheval, le Rhinocéros, l'Hippopotame, le Bison, le Chameau, la Girafe, l'Élan, la Baleine, etc., ne savent absolument rien faire que boire et manger. Ils s'abritent comme ils peuvent dans des cavernes, sous le feuillage, dans le creux des arbres, dans les fourrés, etc.; le plus souvent, ils se contentent de la terre nue et dorment à la belle étoile.

Parmi les carnivores, on ne peut guère citer que le

Il emporte son butin dans un de ses terriers.

Renard, ce croqueur de volaille qui s'abrite dans des terriers et qui sait fouir.

Le Blaireau se creuse aussi des abris.

Parmi les ruminants et les pachydermes, on ne peut citer aucun individu sachant faire œuvre de ses pieds.

— Excepté l'Éléphant, dit le caporal : il sait travailler avec sa trompe.

— L'Éléphant domestique, oui ; l'Éléphant sauvage n'est pas ouvrier.

Les insectivores comptent quelques ouvriers, parmi lesquels on doit citer en première ligne la Taupe.

La Taupe est mineuse par état. Elle creuse sous le sol de nombreuses galeries qui toutes aboutissent à son logis. Cette demeure est construite avec beaucoup d'art

C'est un panthéon, un édifice avec coupole.

et une entente parfaite des règles de l'architecture. C'est une espèce de panthéon, un édifice avec coupole, soutenu par des piliers et séparé par des cloisons. La voûte en est si dure que l'eau ne peut l'altérer. C'est sous ce dôme que la famille se retire et vit loin du bruit et de la lumière.

Les jardiniers, qui n'aiment pas les taupes, parce qu'elles bouleversent leurs cultures, les accusent de manger la racine des plantes. C'est une calomnie. Les taupes sont essentiellement carnassières ; jamais elles ne mangent de matières végétales. Elles sont douées d'un formidable appétit et font un grand carnage de larves de hannetons, de courtilières, de vers et de toutes bestioles qu'elles rencontrent sous le sol. Lorsqu'elles ne trouvent rien à se mettre sous la dent, elles se dévorent entre elles, plutôt que de toucher aux végétaux : les expériences du savant Flourens sont concluantes sur ce point.

Ce naturaliste partageait les préjugés populaires. Avant

Elles se dévoreraient entre elles plutôt que de manger des végétaux.

d'étudier les mœurs et d'examiner les dents de cet insectivore, il croyait que les Taupes vivaient de racines.

Les Taupes ne mangent pas de racines, mais elles les coupent parfois pour se frayer un passage ou les arrachent en creusant leurs galeries. Elles jettent la perturbation dans les couches et les semis en plate-bande. On s'explique la colère des jardiniers, lorsqu'ils voient leur culture bouleversée. En fin de compte, ces dégâts sont insignifiants comparés à ceux qu'auraient pu faire les larves de hannetons et les courtilières que les taupes ont détruites.

Dans les prairies et dans les terrains de grande culture, les Taupes rendent d'éminents services et leurs galeries sont même un bienfait : ce sont des tuyaux de drainage qui profitent à la terre.

Il ne faut donc pas détruire les Taupes, nos auxiliaires. Sans elles, qui donc irait détruire les larves d'insectes qui se cachent dans les sillons ?

Dans l'ordre des Rongeurs, on trouve quelques individus qui sont assez adroits de leurs pattes et de leurs dents ; entre autres, la Marmotte, le Hamster, le Rat musqué, l'Écureuil, etc. ; mais le grand maître des arts et métiers, c'est le Castor.

La MARMOTTE, vous le savez, habite les hautes montagnes d'Europe et passe la moitié de sa vie à dormir.

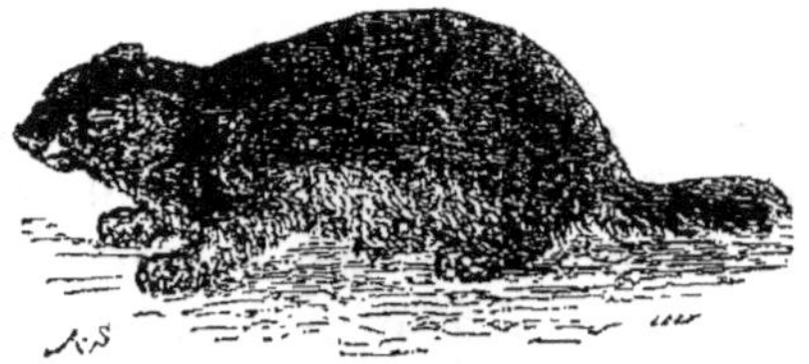

Les petits Savoyards nous en apportent chaque année.

Elle s'endort vers le mois d'octobre et se réveille dans le mois de mars. Elle se creuse des habitations souterraines très profondes et très vastes, dont quelques chambres servent de magasins à fourrage ; les autres, qui sont tapissées de mousse, sont occupées par la famille.

Pendant la belle saison, la Marmotte fait une ample provision de fourrage qu'elle prépare elle-même.

— Oh! oh! dit le caporal, est-ce qu'elle fauche l'herbe et la retourne pour la faire sécher?

— Vous l'avez dit. Ces animaux vivent en société et leurs travaux se font en commun. Les uns coupent l'herbe, les autres la répandent sur le sol pour la faire sécher; d'autres la ramassent et chacun, tour à tour, sert de véhicule pour la transporter dans les magasins.

Vous avez lu, sans doute, cette fable où La Fontaine nous montre deux rats qui, ayant trouvé un œuf et ne sachant comment l'emporter, s'avisent d'employer le moyen suivant :

> L'un se mit sur le dos, prit l'œuf entre ses bras ;
> Puis, malgré quelques heurts et quelques mauvais pas,
> L'autre le traîna par la queue.

Eh bien, La Fontaine n'a rien inventé, comme on pourrait le croire; ce qu'il fait faire à ses rats, les Marmottes le font chaque année : c'est absolument de cette manière qu'elles rentrent leur récolte de foin.

Ces animaux passent presque tout leur temps dans leurs habitations et, lorsqu'ils en sortent pendant les beaux jours pour folâtrer ou pour travailler, ils ne s'en écartent qu'à de courtes distances. Ils sont très méfiants et très craintifs; quand la société est dehors, une sentinelle, placée sur un monticule, surveille les environs. A la moindre apparence de danger, elle fait entendre un cri qui ressemble à un coup de sifflet; à ce signal, toute la compagnie regagne son gîte souterrain.

La Marmotte est un animal inoffensif qui, pris jeune, s'apprivoise aisément. Les petits Savoyards nous en apportent chaque année ; ils vont les chercher dans les montagnes des Alpes.

Le Lagomys, autre mammifère rongeur qui ressemble beaucoup à notre lapin et qui habite la Sibérie, fait également du foin et l'emmagasine dans une galerie souterraine pour se nourrir durant le long hiver de ce pays désolé.

Le Hamster, que je viens de citer, est un petit qua-

C'est le plus curieux des individus de son espèce.

drupède du genre Rat. Il habite le nord de l'Europe, la Pologne et la Sibérie. Autrefois, on le rencontrait en Alsace et dans les contrées voisines.

Cet animal, auquel les fourreurs seuls accordent quelque attention, est cependant fort remarquable à tous égards. Ses mœurs, son caractère, sa conformation, sa prévoyance, son industrie, son état durant la période hibernale, font de ce petit mammifère un des plus curieux individus de la classe. Pour l'instant, je ne vous parlerai que de son industrie et de son avarice.

Le Hamster n'aime pas la société. Il vit seul. Il se construit de vastes galeries souterraines, cent fois trop grandes pour contenir sa chétive personne. — Ces galeries sont de véritables halles aux grains, dans lesquelles il emmagasine, avec infiniment d'ordre et de méthode, des tas de céréales, de pois, de haricots, etc., dont il ne consomme pas la dixième partie, puisqu'il demeure engourdi pendant l'hiver.

Il ne transporte pas sa moisson dans ses bras, — cette moisson se composant de grains ; — il la transporte dans des sacs. Ces sacs sont les deux abajoues qu'il possède et qu'il peut dilater, comme le font certains singes. Quand elles sont vides, ces abajoues ne sont pas visibles ; lorsqu'elles sont remplies, elles peuvent acquérir un développement qui égale le volume de l'animal lui-même.

C'est dans ces poches élastiques que le Hamster transporte le produit de ses rapines, au grand dommage des cultivateurs, dont il ravage les récoltes.

On prétend que le terrier du Hamster contient parfois la quantité d'un demi-hectolitre de grains, et que des voyageurs ont été sauvés de la famine par la découverte de ces magasins de blé et de légumes secs.

Je reviendrai sur cet étrange petit ravageur.

⚜

Des Rats musqués je ne vous dirai rien, leurs mœurs étant à peu près les mêmes que celles des Castors. Arrivons à ces derniers.

Le Castor est deux fois plus gros qu'un chat. Sa forme générale rappelle celle du Cochon d'Inde, — autre rongeur, — sa queue ne ressemble en rien à celle des autres animaux. Elle est longue, large, plate et nue, plus étroite

Sa queue plate et nue ressemble à la spatule d'un ouvrier bitumier.

à sa naissance qu'à son extrémité ; on dirait la spatule d'un ouvrier bitumier. Elle sert à l'animal de moyen de transport : c'est une charrette à matériaux.

Aucun mammifère quadrupède ne possède au même degré que le Castor le génie de la construction. Bâtir est sa passion dominante et son occupation favorite. Les travaux se font en commun et semblent exécutés en vertu d'un contrat passé entre ces animaux pour la conservation de l'espèce et le bien-être de la communauté.

Ils vivent ordinairement en société d'environ trois cents individus, et ils occupent des habitations qu'ils élèvent sur le bord des étangs et des rivières.

Lorsque les Castors veulent établir leur résidence, ils choisissent, autant que possible, un étang et construisent au moyen de pilotis de véritables maisonnettes sur la rive.

Ces habitations, d'environ six pieds, ont deux étages : le supérieur, à sec, sert de logis à l'animal ; l'inférieur, sous l'eau, renferme des provisions d'écorce.

Avant de procéder à l'édification de leurs demeures, les Castors établissent une digue pour se mettre à l'abri des inondations. A cet effet, ils abattent des arbres qu'ils sapent par la base en les rongeant avec leurs dents incisives, qui sont très puissantes.

Lorsque ces arbres sont abattus, les Castors creusent des trous au fond de l'eau. Par des efforts combinés, ils parviennent à introduire une des extrémités de l'arbre dans le trou pratiqué d'avance, arrivent à dresser cet arbre et à le maintenir debout. Ces arbres ou pieux étant placés, les Castors les relient à l'aide de branches et de racines flexibles qu'ils savent entrelacer à la façon des vanniers. Ces clayonnages établis, nos ouvriers en remplissent les intervalles au moyen de pierres et de terre glaise délayée et battue. Ils travaillent alors suivant la méthode employée par les maçons. Ce genre de construction est appelé torchis, en terme de métier.

Ces digues, qui dépassent quelquefois trente mètres de longueur, ont ordinairement trois mètres d'épaisseur à la base et un mètre à la surface. Elles sont si solides qu'un homme peut se promener sur ce quai en toute sécurité ; elles sont si bien entendues que l'ingénieur le plus habile n'y trouverait rien à reprendre.

La digue faite, les Castors s'occupent de la construction de leurs cabanes. Ces maisonnettes, au nombre de vingt à cinquante, sont bâties en terre, en pierres, en bois et revêtues extérieurement d'un enduit hydrofuge.

Les murs ont environ soixante centimètres d'épaisseur. Le plancher est élevé de manière à n'être jamais submergé. Ces cabanes, divisées en plusieurs chambres,

On dirait qu'un ingénieur a présidé à ces constructions.

ont deux ouvertures : l'une du côté de la terre et l'autre, beaucoup plus basse, qui donne accès sur l'eau : les chambres inférieures sont toujours submergées.

Ces constructions faites, les Castors en prennent possession et s'y logent avec leur famille.

Leur manière de travailler est des plus ingénieuses. Ils pétrissent la terre avec leurs pieds de devant, jusqu'à ce qu'elle présente assez de consistance. Ce mortier est ensuite chargé sur la queue plate d'un compagnon qui fait l'office de voiturier. Ce voiturier, laissant traîner sa queue, transporte le mortier à l'endroit voulu ; aussitôt arrivé, des aides le débarrassent de son fardeau. D'autres Castors — les maçons — s'emparent de la terre préparée, l'enfoncent ou l'étendent à coups de pattes, comme de véritables plâtriers.

A les voir travailler de la sorte, on pourrait se croire dans un chantier de construction, dirigé par des architectes.

Quand on examine les travaux relativement gigantesques des Castors, on comprend la puissance de l'association ; quand on pense aux difficultés que ces animaux ont à vaincre, aux combinaisons véritablement scientifiques qu'ils sont obligés d'employer pour utiliser leurs efforts communs, aux connaissances qu'ils déploient dans le choix des terrains et l'examen des lieux ; quand, surtout, on observe leur prévoyance et leur esprit d'ordre, on cesse de comprendre et l'on ne peut qu'admirer l'intelligence et le savoir de cet animal, qui montre plus de talent et d'industrie que certains hommes de l'intérieur de l'Afrique et que la plupart des habitants de la Polynésie.

Pour trouver des ouvriers comparables aux Castors il faut chercher parmi les hommes civilisés, ou bien il faut abandonner complètement la classe des mammifères, quitter même les animaux vertébrés, descendre dans l'embranchement des articulés, et s'arrêter à la classe des insectes. C'est là qu'on trouve des ouvriers aussi nombreux qu'habiles.

Dans ces derniers temps, on a écrit des ouvrages bien curieux sur les mœurs et sur l'industrie des insectes. Je vous engage à lire ces ouvrages, vous promettant une grande somme de plaisir. Vous comprenez bien que, dans cette causerie, je ne puis vous signaler que cinq ou six individus remarquables entre tous. Songez donc : on compte plus de trois cent mille espèces d'insectes, dont la plupart sont remplis de talents. — Dix volumes ne suffiraient pas pour enregistrer leurs faits et gestes. Je me bornerai donc à vous signaler les plus industrieux.

Les premiers qui s'imposent sont les Abeilles et les Fourmis qui, les unes et les autres, vivent en société.

Ce sont les plus admirables ouvriers des quatre embranchements et des vingt-cinq classes du règne animal.

Je commence par les Abeilles, et je vais de mon mieux vous expliquer les mœurs et l'industrie de ce petit monde.

Les Abeilles, vous le savez, appartiennent à l'ordre des hyménoptères. Les insectes de cet ordre ont quatre ailes membraneuses, dont les nervures sont disposées en un réseau à mailles lâches.

L'abdomen des femelles porte à son extrémité un aiguillon ou une tarière ; ce qui les fait diviser en deux sous-ordres : les Térébrants et les Aiguillonnés.

Les Abeilles appartiennent au sous-ordre des Aiguillonnés et vivent en société nombreuse.

Cette société, appelée essaim, se compose ordinairement de vingt-cinq à trente mille individus qui habitent un même abri. A l'état sauvage, les Abeilles établissent leur demeure dans le creux d'un arbre ; à l'état domestique, dans une ruche préparée à cet effet.

Pour qu'un aussi grand nombre d'habitants vivent en bonne intelligence, il faut nécessairement qu'ils obéissent à des lois ; c'est ce qu'ils font.

La forme de leur gouvernement est monarchique, mais

ce n'est point une monarchie héréditaire; de plus, le pouvoir ne peut appartenir qu'à une Reine.

Ce n'est pas sans raison que les Abeilles choisissent une femelle pour les gouverner, et ce n'est pas sans motif que cette Reine a droit aux hommages et au respect de son peuple. Vous le comprendrez aisément lorsque vous saurez que cette femelle couronnée est la mère de ses sujets.

Outre la Reine, qui est la seule femelle de la compagnie, on compte dans un essaim de six à neuf cents mâles, autrement appelés Faux Bourdons. Le reste de la

On l'appelle aussi Mulet.   C'est la Reine mère.   Il n'a pas d'aiguillon.

société, c'est-à-dire la presque totalité des individus qui composent l'essaim, est formé d'Abeilles qui ne sont ni mâles ni femelles et qui, pour cette raison, sont appelées Neutres. On les désigne aussi sous le nom de Mulets; mais le plus ordinairement on leur donne le nom d'ouvrières, parce que ce sont elles qui s'occupent exclusivement des travaux de la colonie.

Les mâles, ou Faux Bourdons, ne font rien. Ils butinent sur les fleurs pour leur propre compte. Ce sont les gardes du corps de la Reine : ils lui servent d'escorte et l'accompagnent lorsqu'elle voyage dans les airs.

Ces Faux Bourdons sont de grands seigneurs qui dédaignent la vile multitude, des courtisans qui ne vivent au milieu du peuple que grâce à la protection de la Reine. Les Neutres les estiment assez peu ; mais comme ils aiment, leur Reine et qu'une Reine ne saurait se passer de courtisans, les Mulets tolèrent les Faux Bourdons, tant qu'ils ne sont pas gênants.

Ces Faux Bourdons sont privés d'armes. Les Ouvrières sont toutes armées d'un aiguillon.

Dans une ruche, la Reine « règne, mais ne gouverne pas ».

Le peuple adore sa souveraine, mais c'est à la condition que cette souveraine respecte les privilèges de son peuple et qu'elle obéisse aux lois qui régissent la communauté.

La Reine est si peu maîtresse absolue qu'elle ne peut pas même conserver sa compagnie de gardes du corps pour charmer ses loisirs pendant l'hiver.

Telle est l'organisation d'une ruche en pleine activité. Je vais vous dire maintenant comment une ruche se forme.

Quand une Reine, suivie de ses sujets, a choisi un emplacement pour établir la colonie — c'est ordinairement le creux d'un arbre, dans les pays où l'homme ne lui tend pas le piège connu sous le nom de ruche à miel — quand donc la femelle a choisi un emplacement convenable, les Ouvrières aussitôt se mettent à l'œuvre et vont butiner sur les fleurs la poussière d'étamines, appelée pollen. Cette poussière s'attache aux poils dont le corps des Abeilles est couvert et, en se frottant avec les brosses qui garnissent leurs pattes, ces insectes rassemblent le pollen en pelotes et l'empilent dans une espèce de cavité, ou corbeille, qui se trouve à la face interne de leurs jambes postérieures.

Ce n'est pas tout. A l'aide de leurs mandibules, les Abeilles détachent de la surface des plantes une matière résineuse, nommée propolis, qu'elles entassent également dans leurs corbeilles. Ainsi chargées, les Ouvrières regagnent leur domicile commun, se débarrassent de leur fardeau et retournent, à l'instant même, chercher de nouvelles provisions.

Pendant que les butineuses transportent les matériaux, les autres Abeilles ne demeurent pas inactives au logis. Les unes — les maçonnes — bouchent tous les trous avec du propolis et ne laissent qu'une étroite ouverture qui doit servir de porte d'entrée et de sortie à la grande famille. Ce travail achevé, d'autres Abeilles — les cirières

Le piège que nous lui tendons et que l'on nomme ruche.

— président à la confection des rayons destinés à servir de berceaux aux enfants à venir.

Ces rayons en cire sont formés par la réunion d'une foule de petites cellules ou alvéoles à six pans exactement semblables, et couchées les unes à côté des autres.

Cet ensemble de cellules est appelé gâteau.

Dans un gâteau il y a deux rangées de cellules adossées et suspendues à la voûte de l'édifice, de manière que toutes les alvéoles se trouvent placées horizontalement. Ces alvéoles ne s'ouvrent que par un bout.

Deux tournesols, dépouillés de leurs grains et placés dos à dos, donnent une idée assez exacte d'un gâteau d'Abeilles.

C'est avec leurs mandibules que les Ouvrières façonnent les rayons. Elles les taillent, les rognent, les ajustent avec une adresse qu'envierait le plus habile artisan.

La cire qu'elles emploient, en guise de plâtre, se trouve sur diverses plantes; mais cette matière, avant de servir, s'élabore dans un organe particulier du corps de l'insecte et elle est secrétée par les anneaux de son abdomen.

Des cellules à six pans accolées les unes aux autres.

Presque toutes les cellules sont de même dimension, à part quelques-unes qui sont plus grandes et de forme arrondie. Ces grandes loges, destinées aux larves femelles, sont, pour cette raison, appelées cellules royales.

Les autres cellules servent à loger les larves ordinaires, ou renferment des provisions de miel et de pollen.

Les magasins qui contiennent les provisions journalières, ainsi que celles qui sont réservées aux besoins futurs, sont fermés avec des couvercles de cire.

Lorsque l'édifice est terminé, la Reine inspecte les

travaux. Ensuite elle se rend dans chaque cellule et y dépose un œuf.

De la fécondité de la Reine dépend la prospérité de la colonie; aussi faut-il voir comme cette souveraine est adulée et choyée par ses sujets, dès qu'elle commence à pondre.

Pendant le premier été, la ponte n'est pas très active : elle ne comporte que des Abeilles neutres. Au printemps suivant, la fécondité de la Reine devient extrême et, dans l'espace d'environ trois semaines, elle pond plus de dix mille œufs d'Ouvrières. Ce n'est que vers le douzième mois que la Reine pond des œufs de Faux Bourdons; plus tard encore, elle pond des œufs renfermant des femelles.

Quatre jours après la ponte, il sort de chaque œuf une petite larve de couleur blanchâtre et dépourvue de pattes qui ressemble à un ver.

C'est alors que commence le service des Nourricières. Ces Abeilles s'empressent autour des nouveau-nés et leur apportent une espèce de bouillie de miel qui varie de qualité suivant l'âge et le sexe des jeunes larves.

Au bout de cinq jours, ces larves cessent de grandir et de manger : elles se préparent au travail de la métamorphose.

Les nourrices, alors, ferment l'entrée de leurs cellules avec un couvercle de cire, afin que ces larves puissent en toute sécurité accomplir leur mystérieuse transformation. Aussitôt qu'elles sont enfermées, les larves se filent une enveloppe de soie et se changent en nymphes. Elles demeurent en cet état pendant une semaine environ.

Vers le huitième jour, les prisonnières sortent de leur enveloppe. Elles sont alors pourvues de tous leurs organes et sont insectes parfaits.

Les jeunes Abeilles déchirent avec leurs mandibules la

porte qui les retient captives et demeurent quelques instants immobiles sur le bord de leurs cellules. Elles se re-
posent de leur grande fatigue : car, molles et très faibles
encore, elles viennent, pour briser les portes de leur prison, de se livrer à un pénible travail. Elles reprennent
des forces et attendent que l'air ait raffermi leurs ailes
et leurs membres humides.

Pendant ce temps, les nourrices s'empressent autour
d'elles et semblent par leurs caresses leur souhaiter la
bienvenue. Une heure après, les nouvelles Abeilles
s'échappent de la ruche, vont butiner sur les fleurs,
comme si elles n'avaient jamais fait autre chose, et la
communauté compte une escouade d'Ouvrières de plus.

Les larves de femelles n'arrivent à l'état parfait que
treize jours après leur naissance. Les larves de Faux
Bourdons mettent vingt et un jours pour accomplir leur
complète métamorphose.

— Mais, à force de pondre, la Reine doit finir par remplir la ruche d'un nombre considérable de sujets, fit observer le caporal : ces mouches, entassées de la sorte, ne
doivent plus pouvoir se remuer dans leur habitation.

— Votre observation est si juste, caporal, que les
Ouvrières d'un certain âge, les fortes têtes de la communauté, la font aussi. Lorsque la ruche devient trop étroite,
elles se réunissent en conciliabules secrets et se communiquent leurs appréhensions. Les magasins, quoique
bien approvisionnés de miel et de pollen, ne sauraient
suffire à cette foule sans cesse grossissante : comment
faire pour éviter la famine ? Arrêter la ponte de la Reine est
chose impossible ; expulser cette Reine de ses États, comme
un simple Faux Bourdon, et l'éloigner de cette colonie
qu'elle a créée et mise au monde, serait une action bien
noire, que réprouve la morale la plus élémentaire.

Le cas est difficile, et la position embarrassante ; plus d'un diplomate serait fort en peine en pareille occurrence. Cependant il faut prendre un parti ; le danger est pressant : encore une fois, que faire ?

— Ma foi, je n'en sais rien, répondit ingénument mon interlocuteur.

— Eh bien, les Abeilles neutres sont plus avisées que vous et que moi, caporal. Elles tournent la difficulté et

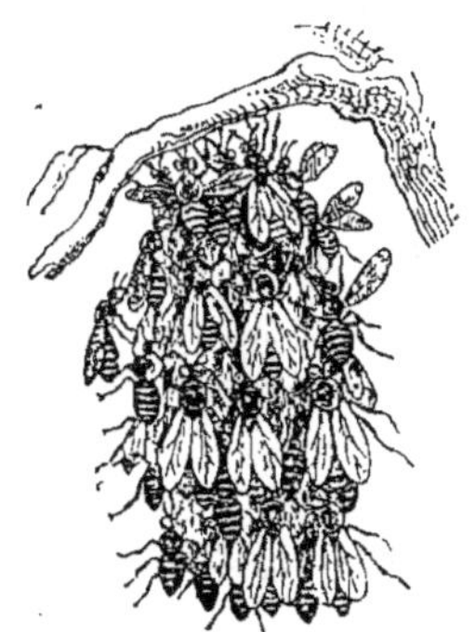

Grappe vivante dont la Reine est le centre.

elles arrivent à leurs fins sans qu'on puisse les accuser d'ingratitude.

Voici de quelle manière :

Elles élèvent en cachette trois ou quatre des larves qui sont dans les cellules royales. Lorsque ces larves ont accompli leur métamorphose et qu'elles paraissent sur le bord de leurs alvéoles, la Reine mère les aperçoit ; alors, s'abandonnant aux transports d'une aveugle fureur, elle se précipite sur les jeunes princesses et cherche à les percer de son aiguillon. En cet instant, un grand tumulte se produit dans la colonie. Des phalanges d'Ouvrières se rangent du côté des Reines futures et les protègent. Elles les retiennent prisonnières dans leurs cellules, dont elles bouchent l'entrée avec de la cire et les dérobent ainsi à la vengeance de la souveraine.

Celle-ci, indignée de cette rébellion, sort de la ruche en donnant des marques d'une violente irritation et elle entraîne à sa suite la plus grande partie de ses sujets neutres et des Faux Bourdons.

Le tour est joué.

L'essaim, exilé volontaire, ne se sépare pas et va s'abattre sur quelque tronc d'arbre. Chaque individu se pose l'un à côté de l'autre, de manière que toutes ces Abeilles finissent par former une grappe vivante dont la Reine est le centre.

Cet essaim, après avoir choisi un emplacement convenable, ne tarde pas à former une nouvelle colonie.

Retournons à la ruche abandonnée par la Reine mère, et voyons ce qui s'y passe.

Pendant le tumulte, la bagarre et les barricades, les jeunes princesses brisent les portes de leur prison et sortent de leurs cellules royales. Comme elles ont des droits égaux à la couronne et qu'elles n'entendent pas la partager, elles se livrent entre elles un combat terrible et toujours mortel. Les Neutres assistent à cette bataille, sans prendre parti. Lorsque l'une des princesses a transpercé ses rivales et qu'elle est demeurée maîtresse du champ de bataille, les Ouvrières s'empressent autour d'elle et lui rendent hommage.

Après ce drame et cette cérémonie, qu'on pourrait appeler la cérémonie du couronnement, tout rentre dans l'ordre accoutumé et les travaux reprennent leur cours. Une ruche donne ordinairement de trois à quatre essaims par saison.

Il arrive parfois qu'un essaim trop faible se disperse,

— ce qui a lieu quand la Reine qui le dirige a succombé,
— c'est un grand malheur pour les fugitifs. Vainement
vont-ils offrir leurs services et chercher un asile dans les
ruchers du voisinage ; ils sont impitoyablement repoussés
à coups d'aiguillon : aucune Abeille n'est reçue dans une
colonie étrangère.

Il arrive aussi, parfois, que la population d'une ruche
en attaque une autre pour s'emparer de ses richesses.
Dans ce cas, les vainqueurs ne font pas de quartier :
toute la population est passée par les armes.

Les Faux Bourdons, je vous le rappelle, ne participent aucunement aux travaux de la colonie. Les Ouvrières tolèrent à la Reine cette garde d'honneur tant que
la Reine éprouve le besoin de voyager dans les airs, —
ce qui lui arrive de temps à autre ; — mais, dès qu'elle
reste au logis et qu'elle commence à pondre, les Ouvrières, qui n'entendent pas entretenir une légion de pares-
seux, chassent brutalement les Faux Bourdons. Ceux-ci,
qui tiennent à conserver leur position et qui d'ailleurs redoutent les approches de l'hiver, ne se laissent point
expulser sans de vives protestations.

Alors commence une scène qui rappelle quelques épi-
sodes de notre histoire.

Les Ouvrières, devant la résistance des nobles gardes du
corps, s'abandonnent à la colère, se précipitent sur eux,
et les transpercent de leurs aiguillons. Ce carnage s'étend
sur les larves et sur les nymphes de Faux Bourdons qui
sont encore dans les cellules.

Après ce massacre, les Ouvrières jettent les cadavres
dehors, et, pour éviter la mauvaise odeur que laisse toujours une pareille quantité de corps morts, elles agitent
leurs ailes, afin de renouveler l'air du logis.

Les Abeilles soldats, qui montent la garde à la porte
d'entrée pour empêcher les étrangers de pénétrer dans
la ruche, redoublent de vigilance en cet instant solen-
nel. Quand un Faux Bourdon se présente isolément, il
est aussitôt poignardé.

— Décidément, le métier de grand seigneur ne vaut
rien dans ce monde industriel. Le métier de Reine,
lui-même, n'est glorieux qu'en apparence. Sans doute, les
Abeilles respectent et chérissent leur souveraine, mais ce
n'est qu'autant que cette Reine leur est utile; aussitôt
qu'elle devient gênante, elle cesse de plaire, et on le lui
fait comprendre.

— Ajoutez qu'elle n'exerce aucun commandement et
que ses enfants la retiennent souvent captive. Cette Reine
est si pusillanime qu'au moindre danger elle se cache
dans la partie la plus obscure de la ruche; quoique armée
d'un aiguillon, elle ne montre de courage qu'en présence
d'une rivale; alors, elle devient comme une tigresse.

— La conduite rigoureuse et logique des Abeilles, leur
esprit de suite, leur prévoyance, leurs calculs me paraissent fabuleux; et, si d'autres que vous, bourgeois, me
racontaient pareilles histoires, j'aurais bien de la peine
à le croire.

— Ce que je viens de vous rapporter, caporal, je ne
l'ai pas vu de mes yeux; mais d'autres, plus savants que
moi, l'ont vu et constaté : entre autres, le célèbre Huber,
le plus passionné des observateurs. Il était aveugle et...

— Un observateur aveugle! Cette fois, mon capitaine,
vous abusez de ma candeur.

— Pas le moins du monde. Vous savez, mon ami, que je
suis incapable de vous raconter ce qui n'est pas, à moins
d'être trompé moi-même.

En ce qui regarde le naturaliste Huber, l'erreur n'est

pas possible. Sa biographie se trouve dans tous les dic-
tionnaires encyclopédiques.

Il naquit à Genève en 1750, et mourut en 1831, après
avoir publié divers ouvrages d'une certaine importance.
Il devint aveugle jeune encore : il regarda avec les yeux
intelligents de sa femme.

Son fils, Pierre, mort en 1841, suivit les traces de son
père et s'appliqua à l'étude des mœurs des Fourmis qui
sont, avec les Abeilles, les plus industrieux des insectes:

— Les Fourmis, comme les Abeilles, vivent-elles en
communauté sous la direction d'une Reine?

— J'allais précisément vous parler de ce peuple actif,
dont les variétés sont fort nombreuses et qu'on rencontre
dans presque toutes les parties du monde.

Le peuple Fourmi semble vivre sous un gouvernement
républicain : on ne lui connaît ni roi ni reine. Leur république n'est point une république démocratique, comme
la nôtre ; c'est plutôt une république aristocratique, comme
celle des Romains, une république avec esclaves, soldats
et patriciens.

Une fourmilière est composée de mâles et de femelles
qui portent des ailes et d'un grand nombre de sujets
neutres qui en sont dépourvus.

Ces derniers forment la plèbe : ce sont des Ouvriers.
Eux seuls s'occupent des travaux de la communauté et
de l'éducation des nouveau-nés.

Les mâles ne restent pas longtemps dans la fourmilière. Ils en sortent volontairement et ils meurent presque
aussitôt qu'ils l'ont quittée.

Les femelles suivent les mâles hors de la demeure com-

mune ; mais, au lieu de périr, elles se dépouillent simplement de leurs ailes. Elles sont alors ramenées de force
par les Ouvrières et placées dans des chambres retirées,
où elles demeurent prisonnières sous la garde de vigi-
lants geôliers, qui sont en même temps leurs nourriciers.

Aussitôt que les femelles pondent, les Neutres s'emparent des œufs et les transportent avec soin dans une
chambre particulière. Les œufs qui doivent produire des
femelles sont mis dans un endroit séparé.

Lorsque ces œufs éclosent, il en sort de petites larves
qui sont l'objet de soins plus tendres et plus compliqués

Elles ont des ailes.

On les appelle Neutres.

que chez les Abeilles, ces larves ne demeurant pas à
poste fixe dans une cellule.

Les Fourmis nourrices ne se contentent pas de leur
donner de la bouillie, elles les lèvent, les couchent, les
débarbouillent ; je ne dis pas qu'elles les bercent ; mais,
quand le temps est beau, elles les promènent au soleil,
de même que les mamans promènent leurs poupons dans
les squares et dans les jardins.

Aux approches du soir, ces nounous vigilantes rap-
portent les enfants dans des nids qu'elles entretiennent
avec une propreté remarquable.

Ces larves se filent une petite coque de soie au
moment de leur transformation. Lorsqu'elle est accomplie, et que les petits apparaissent avec leurs organes nouveaux, les nourricières les nettoient, les bros-

sent, leur apportent à manger et soutiennent leurs premiers pas.

Aussitôt que ces jeunes Fourmis sont assez fortes pour marcher, les vieilles les conduisent dans tous les coins du noir séjour et leur font connaître les chambres, les magasins, les couloirs, les détours, les issues, etc.

On croyait autrefois que les Fourmis faisaient des provisions, comme les Abeilles. Il paraît démontré aujourd'hui qu'elles vivent au jour le jour, et vont chercher leur pâture et celle de leurs nourrissons à différentes heures et suivant leurs besoins. Elles n'ont que faire de provisions, puisqu'elles demeurent engourdies pendant l'hiver.

Les Fourmis recherchent beaucoup les matières sucrées, qu'elles vont récolter sur les plantes. Elles sont friandes surtout d'un suc particulier qu'exsude l'insecte appelé Puceron, dont je vous ai raconté la génération très singulière.

— Oui, des Pucerons ovovivipares qui pondent des petits vivants pendant dix générations.

— Pour obtenir cette gouttelette sucrée, les Fourmis caressent les Pucerons avec leurs antennes ou les chatouillent. Quelquefois, impatientées d'attendre ou fatiguées de courir, les Fourmis enlèvent les Pucerons, les emportent dans leur domicile, les parquent dans quelque lieu — qu'on pourrait appeler écurie — et les élèvent comme de bons paysans élèvent des vaches laitières.

Du nombre de Pucerons dépend la richesse de la communauté ; de même que du nombre de bêtes à cornes dépend la fortune du fermier. Aussi voit-on souvent les habitants d'une fourmilière déclarer la guerre à la fourmilière voisine pour lui enlever ses Pucerons et, en même temps, ses larves de Fourmis.

Les vainqueurs transportent leur butin dans leur château fort. Loin de suivre l'exemple des Abeilles, qui passent les vaincus au fil de l'épée, les Fourmis réduisent les prisonnières à l'esclavage et les font travailler sous leur direction.

Les Fourmis montrent beaucoup d'intrépidité quand il s'agit de défendre leurs biens. Dépourvues d'aiguillon, elles ne piquent pas, mais elles mordent fort bien et elles enveniment les blessures que font leurs mandibules en y versant une espèce de salive, un liquide mordant, appelé acide formique. Dans leurs combats, elles se lancent réciproquement cet acide sur le corps.

Ces insectes ne supportent pas de rivaux dans leur voisinage : une espèce chasse l'autre. De même que le Surmulot d'Arabie a détruit notre Rat indigène, de même la Fourmi de Guyane a détruit la Fourmi française qui vivait autrefois dans les serres du Muséum.

Ces bestioles sont extrêmement carnassières. Comme elles vivent en nombre considérable, elles ont bientôt fini de dévorer des proies relativement considérables.

Désirez-vous posséder le squelette d'une grenouille, d'une souris ou d'un oiseau? Vous n'avez qu'à fixer le cadavre à l'extrémité d'une baguette et placer cette baguette aux abords d'une fourmilière. En peu de temps, vous aurez le squelette plus net et mieux nettoyé que s'il sortait des mains du plus habile préparateur.

Les Fourmis, suivant l'espèce, bâtissent en terre ou en bois.

Les Fourmis Charpentières s'établissent dans quelque vieux tronc d'arbre ramolli par la pourriture. Au moyen

de leurs mandibules, les Ouvrières s'ouvrent des galeries
et se préparent des appartements à plusieurs étages, dont
les planchers sont supportés par des piliers.

Les Fourmis Mineuses creusent dans l'intérieur du sol
une multitude de chambres et de galeries disposées en étages, d'après un plan uniforme. Les déblais sont rejetés en
dehors et forment des monticules, quelquefois très élevés,
qui sont eux-mêmes creusés, minés, percés. C'est par là
que sortent les habitants du ténébreux domaine.

Les Mineuses se creusent des galeries.

Qui de nous, en passant dans les bois, n'a pas rencontré
un de ces petits monticules et ne l'a pas bousculé du pied
ou du bâton? Nous avons presque tous commis cette mauvaise action, sans penser que ce qui n'était pour nous qu'un
jeu était un effroyable cataclysme pour les Fourmis.

Lorsque nous avions la curiosité de nous arrêter et
de nous baisser pour voir le résultat de cette violence,
nous pouvions nous rendre compte du trouble et de la
perturbation que nous avions jetés dans la république en
miniature.

Nous voyions toutes les Ouvrières qui avaient échappé
au désastre déployer une activité sans pareille. Elles
retiraient les blessés de dessous les décombres et les
transportaient en lieu sûr ; elles réparaient les dégâts, dé-
blayaient les galeries et consolidaient les piliers ébranlés.

Pendant des heures entières, c'était un va-et-vient continuel. Ces pauvres bêtes se donnaient tant de peine et montraient tant d'inquiétude, que vraiment nous avions des remords de notre conduite.

— Les Fourmis ne m'inspirent aucune pitié, s'écria mon compagnon; ce sont des bêtes détestables et fort dangereuses.

Elles supportent le poids des buffles sauvages...

Au Sénégal, j'ai vu des constructions qui ressemblaient à d'immenses dés à coudre : elles mesuraient jusqu'à trois mètres de hauteur. Elles étaient si résistantes qu'on ne pouvait les briser qu'à coups de marteau. Elles supportaient le poids des buffles sauvages, et quatre hommes pouvaient s'y tenir debout. Eh bien, ces constructions si solides avaient été faites par des Fourmis blanches.

Je vous affirme que les indigènes se gardent de
les démolir ; ils redoutent ces petites bêtes plus que des
hyènes, et ce n'est pas sans raison. Lorsqu'un homme
s'endort dans le voisinage d'une de ces fourmilières,
il est perdu. Les Fourmis se jettent dessus et le mordent. Ces morsures engourdissent la victime, qui ne peut
plus se réveiller. Les Fourmis la dévorent toute vivante,
et quelques jours après, on ne retrouve plus qu'un squelette.

— Les insectes dont vous parlez, bien que portant le
nom de Fourmis, ne sont pas des Fourmis. Ils n'appartiennent même pas à l'ordre des Hyménoptères ; leur vrai
nom est Termite. Ces insectes dangereux sont rangés
dans l'ordre des Névroptères.

Les Termites ressemblent, en effet, par les mœurs et
la conformation, à de grosses Fourmis.

Ce genre d'insectes renferme plusieurs espèces qui
toutes sont redoutables par leur caractère agressif, leur
manière de vivre et par les ravages qu'elles exercent.
Leur morsure donne promptement la mort aux petits
animaux et, comme vous le disiez très bien, elle n'est
pas sans danger pour l'homme.

Le Termite de France, auquel on a donné le nom de
Termite lucifuge, habite le Sud-Ouest et s'y fait remarquer par ses déprédations. Cet insecte ronge le bois, le
linge, les livres, sans jamais attaquer leur surface ex-
terne, de manière qu'on ne s'aperçoit de ses ravages que

lorsqu'il n'est plus temps d'y porter remède. C'est ainsi qu'à Rochefort, à La Rochelle, à Tonnay-Charente, etc., la plupart des poutres et des boiseries des maisons ont été minées et détruites presque entièrement.

On cite à ce propos une aventure qui aurait pu avoir des conséquences funestes. A Tonnay-Charente, une salle à manger s'effondra et descendit jusqu'à la cave, entraînant dans sa chute le maître du logis et ses convives qui étaient attablés en ce moment.

Les archives de la préfecture de La Rochelle ont été en partie détruites par ces ravageurs. Comme ils avaient respecté la couverture des registres, on ne pouvait soupçonner leur présence. Actuellement, les archives sont enfermées dans des boîtes en métal.

Dans plusieurs quartiers d'Agen et de Bordeaux, les maisons commencent à souffrir des ravages de cet insecte qui rappellent ceux que fait le petit mollusque appelé TARET.

— Je le connais, ce petit monstre : il perfore la coque des vaisseaux et mine si bien le bois qu'il détermine des voies d'eau. Plus d'un navire à trois ponts a coulé bas par la faute de cette bestiole. C'est à cause d'elle qu'on

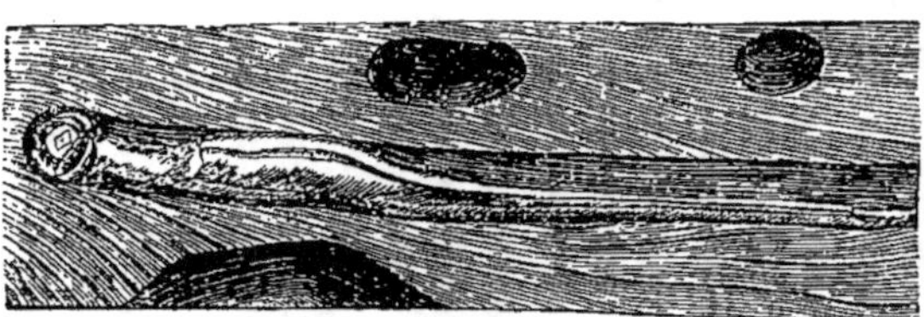

Ils ont failli inonder la Hollande.

est obligé de mettre une doublure de cuivre à la coque des bâtiments.

— Ces Tarets ont fait plus de mal encore. Il y a moins d'un siècle, ils ont failli submerger la Hollande en détruisant les pièces de bois des digues qui protègent ce pays contre l'envahissement de la mer. — Revenons aux Termites.

Certains Termites de l'Inde, les TERMITES DESTRUCTEURS, ne marchent jamais à découvert pour se rendre à leur nid. Ils se construisent des chemins souterrains. Lorsque la nature du sol les empêche de creuser, ils bâtissent des routes voûtées. S'ils ont à franchir des tas de pierres ou des décombres qui n'ont pas d'assises régulières, ils se façonnent des chemins entièrement fermés, c'est-à-dire des espèces de tuyaux.

Dans l'exécution de ces divers travaux, ces insectes déploient une sagacité vraiment extraordinaire. Ils agissent avec un ordre, un ensemble et une méthode qu'envieraient les soldats les mieux disciplinés. Afin de ne pas se rencontrer et se gêner mutuellement, — ce qui ne manquerait pas d'arriver, vu leur grand nombre, — les Ouvriers se rangent sur deux files. Le premier de chaque file apporte son fardeau : l'un dépose un grain de sable, l'autre une espèce d'eau visqueuse ; tous deux pétrissent et maçonnent. Leur tâche accomplie, ils se retirent et vont chercher d'autres matériaux, laissant la place aux Ouvriers qui les suivent et qui agissent de même.

Pendant qu'ils travaillent, des chefs demeurent sur les flancs de la colonne, stimulant le zèle de chacun et surveillant les environs. Quelques-uns se placent en vedette sur des plantes ou des arbustes et signalent l'approche de l'ennemi.

L'espèce la plus curieuse à observer est sans contredit le Termite fatal, dont vous m'avez parlé, celui qui élève des monticules de trois mètres de hauteur.

Vous avez vu de ces nids gigantesques, mais à l'extérieur seulement. Je vais vous expliquer comment cette construction est aménagée et vous raconter ce qui se passe dans l'intérieur.

Tout d'abord, je dois vous dire que le peuple qui l'habite est composé : 1° d'une multitude d'ouvriers qui mesurent environ cinq millimètres ; 2° de soldats qui ont environ dix millimètres et dont chacun pèse dix fois autant qu'un ouvrier ; 3° de mâles et de femelles qui mesurent presque vingt millimètres et qui pèsent chacun autant que trente ouvriers.

A une certaine époque de leur vie, les Mâles et les Femelles sont pourvus d'ailes ; mais ces ailes ne durent que quelques heures. Elles n'ont pas moins de cinq centimètres d'envergure.

Tel est le personnel de la communauté.

En bas de l'édifice, et placée au centre du nid, se trouve la salle du trône. C'est une pièce de forme oblongue à voûte arrondie, qui ne mesure pas moins de vingt-cinq centimètres de diamètre. C'est là que demeurent, prisonniers, le Roi et la Reine.

La cellule royale est entourée de plusieurs autres pièces destinées au service de Leurs Majestés. Au-dessus, sont des magasins remplis de substances alimentaires : gommes, résines, sucs de plantes solidifiés, etc.

Dans le pourtour de l'édifice se trouvent des chambres bien aérées avec cellules, faites de mortier et de sciure de bois agglutinée. Ces chambres, presque aussi vastes que la salle du trône, servent de couvoirs et de nourriceries. C'est là que sont déposés les œufs de la Reine, et c'est là qu'ils éclosent.

La fécondité de cette Reine est fabuleuse, et son corps,

Au milieu se trouve la salle du trône.

devenu monstrueux, n'est plus qu'un sac à œufs : elle pond jusqu'à *quatre-vingt mille œufs par jour !* près de trente millions par an !

Ces œufs, transportés aussitôt dans les couvoirs par les Ouvrières, donnent naissance à de petites larves blanches, qui sont l'objet des soins les plus attentifs.

La position de cette Reine mère est tellement singulière qu'elle en est invraisemblable.

Comme vous pourriez crier à l'exagération, si je vous en faisais la description de mon chef, je vais, caporal, mettre ma responsabilité à couvert et vous rapporter ce qu'en dit un maître, dont vous ne contesterez pas la haute autorité, M. de Quatrefages :

La cellule royale renferme toujours un couple unique, objet des soins les plus empressés, mais qui achète sa grandeur au prix d'une réclusion perpétuelle : car les portes du palais, suffisantes pour laisser passer un ouvrier ou un soldat, sont trop étroites pour livrer passage au roi et plus encore à la reine. Celle-ci, toujours au centre de la chambre princière et reposant à plat, frappe tout d'abord les yeux de l'observateur. Qu'elle ressemble peu à ce gracieux insecte aux ailes fines, à la taille svelte qui n'avait que trois ou quatre fois la longueur et trente fois le poids d'un ouvrier ! Ses ailes ont disparu ; la tête et le corselet sont restés à peu près les mêmes ; l'abdomen, au contraire, a pris un développement monstrueux et tend à s'accroître sans cesse. Dans une vieille femelle il est de *deux mille fois plus gros que le reste du corps* et atteint jusqu'à *quinze centimètres de long.* Cette femelle pèse alors autan que *trente mille ouvriers* et, grâce à cette obésité exagérée, les précaution prises pour prévenir la fuite sont parfaitement inutiles, car elle ne peut faire un seul pas. Quant au mâle, il a aussi perdu ses ailes, mais n'a d'ailleurs changé ni de dimension ni de formes; toutefois, il use peu de sa faculté de locomotion, et, tapi d'ordinaire sous un des côtés du vaste abdomen de sa compagne, il se borne à être le mari de la reine. Les travailleurs et les soldats ont l'air de faire assez peu d'attention au roi, mais ils sont fort occupés de la reine. L'espace laissé libre autour de celle-ci est constamment rempli par quelques milliers de serviteurs empressés qui circulent autour d'elle en tournant toujours dans le même sens. Les uns lui donnent à manger, d'autres enlèvent les œufs qu'elle ne cesse de pondre : car ici, comme chez les abeilles, cette reine est avant tout la mère de ses sujets.
                    (*Souvenirs d'un naturaliste,* t. II, p. 387.)

— C'est fantastique ! s'écria le caporal avec admiration.

— Après ces Termites, les autres insectes construc-

leurs nous paraîtront bien médiocres. Je dois pourtant
vous en signaler quelques-uns dont l'industrie mérite une

Elle a soin de mettre des provisions dans chaque chambre.

mention particulière, entre autres la mouche appelée
Xylocope.

Cette Mouche est une ouvrière en bois. A l'état parfait, elle vit sur les fleurs.

Le Xylocope appartient, comme l'Abeille et la Fourmi,
à l'ordre des Hyménoptères. Ce n'est donc pas une
mouche, comme les mouches de cuisine, lesquelles mouches n'ont que deux ailes.

Les Xylocopes, que Réaumur appelle Abeilles charpentières, creusent des galeries dans le bois vermoulu et
forment des cellules superposées et séparées. Dans chaque
cellule ils disposent une pâtée de pollen et de miel ; de
manière que la jeune larve, en sortant de l'œuf, trouve
aussitôt la nourriture qui lui convient. Chaque logette ne
renferme qu'une larve à la fois, avec les provisions qui
lui sont nécessaires.

Le Fourmi-lion, autre insecte assez semblable aux Éphé-
mères, peut être rangé dans la catégorie des mineurs.

A l'état de larve, le Fourmi-lion ne se meut que difficilement. Cette larve, étant carnassière et ne pouvant
chasser, a recours à la ruse pour se procurer sa nourriture. Elle creuse dans le sable fin un trou d'environ huit
centimètres de diamètre sur cinq de profondeur, et
lui donne la forme d'un entonnoir. L'insecte se blottit au
fond de ce piège, et quand une petite bestiole — particulièrement une fourmi — tombe dans ce précipice, elle
est perdue. Si la victime cherche à s'échapper, le Fourmi-
lion lui jette, avec sa tête et ses mandibules, une foule de
grains de sable qui l'entraînent malgré sa résistance.

Si, lorsqu'il creuse son entonnoir, le Fourmi-lion rencontre un gravier, il le charge sur son dos et l'emporte

dehors ; il se débarrasse de même du corps de ses victimes dont il ne suce que les parties liquides.

À l'état parfait, le Fourmi-lion — qui marche si péniblement à reculons — n'a pas besoin de se creuser de pièges pour se procurer son menu journalier. Il est devenu semblable à une Libellule, et voltige avec une telle rapidité

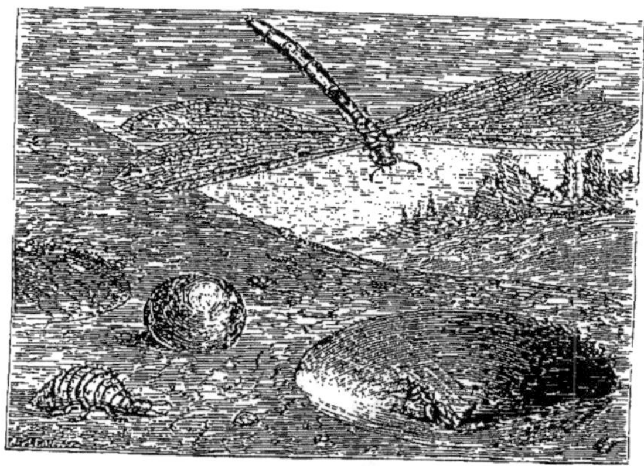

Blotti au fond de son entonnoir, il attend ses victimes.

qu'il peut atteindre dans les airs les mouches et les autres petits insectes, sa nourriture ordinaire.

Le Fourmi-lion appartient à l'ordre des Névroptères.

Le piège du Fourmi-lion m'amène naturellement à vous parler des rets subtils que certaines ARAIGNÉES tendent aux mouches et aux petits insectes ailés.

Les toiles d'araignée vous sont trop connues pour que je vous en fasse la description ; néanmoins, je vous dirai quelques mots sur la manière dont elles sont façonnées.

Les Araignées, comme les Chenilles filandières et parti-

culièrement comme le Ver à soie, tirent de leur corps
la substance qui leur sert à travailler.

Cette matière est un liquide visqueux qui se durcit au
contact de l'air, aussitôt qu'il sort de son réservoir. Le
Ver à soie fait sortir ce liquide par une filière qu'il porte
à la lèvre inférieure ; l'Araignée par des filières qu'elle
porte à l'extrémité de l'abdomen. Ces filières forment quatre
mamelons qui sont percés de milliers de trous imperceptibles ; chacun de ces mille trous laisse échapper un jet de
matière, et ces mille jets sont autant de brins qui concourent à former le simple fil que vous connaissez.

Des filières aux mille trous
imperceptibles.

Avec l'extrémité de ses griffes
crochues.

Or, comme le plus fin des cheveux est dix fois plus
gros qu'un fil d'araignée, il en résulte qu'un des brins sortant d'une des mille filières de l'araignée est dix mille fois
plus menu qu'un cheveu. C'est avec ses pattes, qui sont
crochues, que l'araignée tire les fils de ces mamelons.

Lorsqu'elle veut descendre d'un lieu élevé, elle fait
suinter ses filières, colle la matière qui en sort à quelque
objet solide et se laisse tomber. Le poids de son corps
suffit pour tirer le fil des mamelons.

Maintes fois vous avez vu des toiles d'araignée tendues
entre des arbustes éloignés les uns des autres, ou bien
tendues au-dessus d'un ruisseau entre des branches d'ar-

bres situés sur les deux rives. Vous êtes-vous jamais demandé comment l'Araignée avait fait pour traverser le ruisseau? Vous savez que l'Araignée ne nage pas, — du moins l'Araignée dont je parle et qui tend ses filets dans les jardins; — sût-elle nager, d'ailleurs, qu'elle ne pourrait traverser certains ruisseaux au cours fougueux, véritables Niagaras pour elles. Ne pouvant traverser le ruisseau, savez-vous comment elle s'y prend pour atteindre l'autre rive?

— Je ne m'en doute pas.

— Elle emploie un moyen bien simple, qui ne vient à l'esprit de personne et qu'elle pratique d'intuition.

D'abord, elle choisit son emplacement, — deux arbres placés vis-à-vis l'un de l'autre et séparés par un cours d'eau, — son choix fait, elle consulte la girouette pour savoir d'où vient le vent. Ce n'est pas la girouette du clocher, comme bien vous le pensez; — les animaux ont une manière de s'orienter et possèdent une boussole particulière que nous ne connaissons pas encore. — Donc l'Araignée, ayant consulté sa rose des vents, gagne l'extrémité de la branche qui s'avance le plus sur l'eau et se met à tirer de ses filières un fil très long qu'elle laisse flotter. Le vent ne tarde pas à porter ce fil sur l'autre bord et à l'enrouler sur quelque corps solide.

L'Araignée, voyant ce fil attaché, le tire pour savoir s'il est suffisamment fixé; s'il résiste, l'Araignée se promène trois ou quatre fois dessus pour en tripler ou quadrupler la force : — tout en se promenant, elle fait travailler ses filières et, à chaque voyage, mille brins nouveaux se collent au premier fil.

Ce fil, devenu câble, sert de base à l'édifice.

Ce câble étant posé, l'Araignée en construit un autre à

peu près parallèle. C'est entre ces deux fils que la toile doit être placée.

Cette fois, ce n'est plus le vent qui sera chargé de porter le câble nouveau sur l'autre rive, c'est l'ouvrière elle-même qui le placera. A cet effet, elle file une quantité de cordage suffisante qu'elle pelotonne entre ses pattes, et va le fixer à l'une et à l'autre rive, en passant et en repassant sur le premier pont.

Une fois la deuxième parallèle établie, la fileuse commence le travail du réseau, que vous connaissez.

Dans quelle catégorie d'ouvriers allons-nous placer l'Araignée? D'abord, parmi les filateurs, puisqu'elle file; ensuite parmi les tisserands, puisqu'elle tisse. Cependant, en observant bien, on remarque qu'elle n'est ni tisserand, ni dentellière, ni tricoteuse. Elle ne fait ni du filet, ni de la mignardise, ni du crochet, ni de la frivolité. Ces divers travaux s'exécutent en enchevêtrant des fils, tandis que l'araignée entre-croise les siens sans les passer les uns dans les autres. Elle les colle au moyen du liquide visqueux dont elle seule possède la recette.

Décidément, ce travail constitue une industrie particulière.

— Que ne connaissent pas les artisans à deux pieds et sans plumes, dit le caporal en riant.

— Chaque espèce d'araignée a sa manière d'ourdir sa toile et de la placer. Les unes sont établies au grand air, les autres souterrainement et quelques-unes sous l'eau. On en voit dont le tissu est lâche, et d'autres qui ressemblent à de la mousseline. Certaines Araignées des pays chauds construisent des trames assez fortes pour arrêter les petits oiseaux. Allez au Muséum : vous trouverez dans une

des galeries du second étage une toile d'Araignée avec
laquelle on pourrait faire un mouchoir de poche.

La manière de fabriquer ces pièges est en rapport
avec le genre de chasse que pratique l'animal.

Si l'Araignée des jardins — l'ÉPEIRE-DIADÈME, qui
a un gros ventre bariolé de jaune, de noir et de gris —

Son palais, véritable cloche à plongeur...

ne sait pas nager, d'autres espèces peuvent marcher sur
l'eau et quelques-unes vivent au fond des étangs : témoin
l'AGYRONÈTE ou Araignée aquatique.

L'Araignée aquatique est même une des ouvrières
les plus curieuses. Elle appartient à la catégorie des pêcheurs de perles : sa tente, placée au fond de l'eau, est
une véritable cloche à plongeur.

Les Araignées aquatiques vivent par couples et chaque
époux a son appartement séparé. Leurs chambres sont

des salons tapissés de soie que les Agyronètes ventilent au moyen de bulles d'air qu'elles vont chercher à la surface de l'eau.

Après l'Araignée plongeuse, voici l'Araignée maçonne.

Son terrier est fermé par une porte à charnière qui s'ouvre extérieurement.

L'Araignée maçonne porte le nom de MYGALE ; elle habite la Jamaïque. C'est une des plus formidables du genre et aussi une des plus industrieuses.

La Mygale se creuse dans la terre une habitation vaste et commode qui n'a pas moins de dix centimètres de longueur. Les parois en sont crépies avec une matière très résistante. L'entrée de ce terrier est fermée par une porte à charnière qui s'ouvre extérieurement et qui s'ajuste sur l'ouverture du trou, comme un couvercle sur sa boîte.

Si la Mygale est maçonne, elle n'est pas serrurière; sans quoi elle poserait des verrous à cette porte qui est souvent assiégée. Pour remédier autant que possible à cette imperfection, la Mygale creuse des trous dans la porte, ou plutôt des espèces d'encoches, du côté opposé à la charnière. Lorsqu'un ennemi veut entrer, la Mygale enfonce ses griffes dans les encoches et maintient le couvercle fermé en raidissant ses pattes et en s'arc-boutant contre les parois de sa demeure.

On assure que la résistance qu'elle oppose est telle qu'un homme peut l'apprécier et qu'il ne peut ouvrir cette porte sans un léger effort.

Quand la Mygale se sent vaincue, elle se sauve par une porte dérobée, pratiquée au fond de son logis, et gagne la campagne.

— L'adresse et l'industrie de toutes ces bestioles sont fort curieuses à observer, j'en conviens, et les savants doivent trouver un grand plaisir à cette étude; mais, à part l'Abeille qui nous fournit du miel et de la cire, je ne vois pas ce que nous retirons du travail des autres insectes.

— Sommes-nous donc obligés d'en retirer quelque chose, caporal? Vous êtes de ceux qui pensent que Dieu a créé l'univers en vue de notre petite personne. Moi, je crois que tout a sa raison d'être, et que les animaux, quels qu'ils soient, remplissent, comme nous, une tâche ou jouent un rôle dans la grande œuvre universelle. Ce rôle, quel est-il ? C'est ce qu'il nous reste à chercher, et c'est ce que nous cherchons.

Quoique nous ne soyons encore que des écoliers, nous avons déjà fait de nombreuses découvertes dans le domaine de la science. Jour par jour, pas à pas, nous arriverons à découvrir les secrets les plus cachés. Patience ! nous sommes nés d'hier à peine, et nous avons l'avenir devant nous. Ne nous pressons pas. Si nous connaissions tous les mystères de la création, la vie n'aurait plus aucun charme. Heureusement, nous n'en sommes pas encore là.

Vous dites, caporal, que l'homme ne retire aucun profit de l'industrie des insectes. Vous oubliez que c'est à une chenille que nous devons nos chapeaux, nos cravates, nos foulards, et que les dames sont redevables de leurs coquets rubans et des étoffes chatoyantes dont elles se font de si jolis costumes.

— Vous voulez parler du Ver à soie ; je l'avais oublié. Je connais la bête, et ne me suis jamais expliqué comment on pouvait s'emparer de son fil.

— D'une manière bien simple.

⚜

Nous avons vu que les chenilles qui se disposent à se transformer en chrysalides se confectionnent une enveloppe appelée cocon. Le Ver a soie, qui n'est autre chose que la larve d'un papillon de la famille des Bombyx, fait comme les autres chenilles, il se prépare un cocon. A cet effet, il s'entoure d'un fil d'une seule venue qui mesure de mille à douze cents mètres de longueur.

Après ce travail, qui dure environ soixante douze heures, le Ver à soie disparaît à tous les yeux et demeure enfermé pendant quinze ou vingt jours, durant lesquels s'accomplit le travail mystérieux de la métamorphose. Au bout de ce temps, il sort de sa prison et apparaît au grand jour sous la forme d'un Papillon blanchâtre et ventru, qui ne mange rien et qui meurt après avoir pondu de 300 à 500 œufs.

En s'entourant d'un fil de soie d'une seule venue...

Pour sortir du cocon, le Bombyx du mûrier est nécessairement obligé de rompre le fil de soie qui l'entoure. Ce fil, brisé en milliers de morceaux, n'a plus aucune valeur; aussi ne laisse-t-on pas l'insecte sortir de son enveloppe : sept jours après qu'il s'est enfermé dans sa coque, on l'étouffe dans un four chaud ou, mieux encore, à la vapeur d'eau bouillante. Ensuite, on plonge les cocons dans un bassin rempli d'eau chaude et on les agite au moyen d'un balai de bouleau pour leur enlever la matière gommeuse qui unit les replis du fil et pour en trouver le bout. Dès qu'on l'a trouvé, on n'a plus qu'à l'enrouler sur un dévidoir.

Ce fil est réuni à d'autres fils et cet assemblage constitue les brins qui servent à coudre, à broder et à tisser.

Vous voyez donc, caporal, que certains insectes nous rendent des services directs.

Ce ne sont pas les gros animaux qui remplissent le rôle le plus important dans la nature, je vous l'ai répété

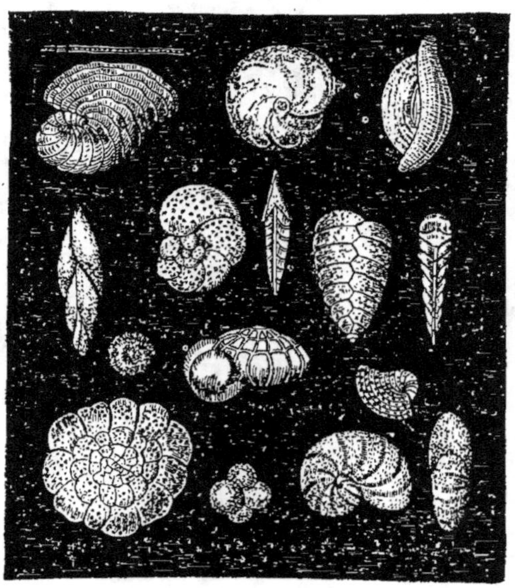

Un verre à boire en contiendrait plus de cent millions.

maintes fois. Malgré leur titre d'animaux supérieurs, les mammifères sont d'assez piètres ouvriers, nous venons de le voir.

Les petits! les petits! voilà les puissants agents qu'emploie la nature.

Vous doutez-vous, mon voisin, que Paris doit son existence à certains animaux fossiles microscopiques appelés Foraminifères ?

C'est de la coquille de ce mollusque minuscule que sont formées les pierres à bâtir qu'on trouve dans beaucoup de carrières du département de la Seine.

Le sable de tout le littoral des mers est tellement rempli de ces coquilles invisibles à nos yeux qu'on peut dire qu'il en est à moitié composé. Un verre à boire rempli de poudre de craie ou de tripoli contient plus de cent millions de ces petits animaux.

— Oh ! là ! là ! cria le caporal.

— Des petits animaux qui servent à bâtir des villes, c'est déjà quelque chose. Qu'allez-vous penser des petits animaux qui servent à créer des îles et qui finiront par créer des continents ?

Je vous ai déjà dit un mot de ces petits êtres dont les transformations sont aussi bizarres que leur manière de vivre est singulière. Ils appartiennent à l'embranchement des Zoophytes et à la classe des Polypiers. Ils vous sont bien connus. Vous les voyez souvent, sous forme de bracelets, de colliers ou de pendants d'oreilles, ornant le cou et les poignets des jeunes filles.

Cet animal — devenu bijou et rival des pierres fines — s'appelle Corail.

En voyant ces grains irréguliers, de couleur rose pâle ou rouge clair, qu'on ne peut briser qu'avec un marteau et qui sont durs au point de recevoir le poli de la meule, avez-vous jamais supposé que ces fragments pierreux sont d'origine animale ? Je ne le crois pas. Il est impossible de s'expliquer ce phénomène à première vue : les naturalistes ont mis vingt siècles et plus à le connaître.

Je vais, tant bien que mal, essayer de vous l'esquisser.

Le Polype du Corail est un petit animal, grand de quelques centimètres, au corps mou et cylindrique, percé à l'une de ses extrémités d'un trou central. Cet orifice, qui sert à la fois de bouche et d'anus, est entouré de tentacules. Il conduit par l'intermédiaire d'un tube membraneux dans une cavité qui occupe tout le corps de l'individu, et qui se continue intérieurement dans les tentacules.

L'extrémité inférieure du Polype est disposée de manière à adhérer fortement aux corps étrangers sur lesquels l'animal est destiné à se fixer une fois pour toutes. A une certaine époque de sa vie, la peau de ce zoophyte se durcit, s'ossifie, pourrait-on dire, au point de lui former une enveloppe calcaire, fort résistante.

Plus favorisé que presque tous les animaux, dont les dépouilles se putréfient, le Polype du Corail, en se transformant en corps solide, préserve son cadavre de toute décomposition et ses restes subsistent aussi longtemps que peut subsister la pierre la plus compacte.

La multiplication de ces zoophytes n'est pas moins étrange que leur structure.

Vous savez déjà qu'ils se reproduisent par œufs et par bourgeonnement. Les œufs donnent naissance à des larves ciliées qui nagent librement, pendant quelque temps. Mais les bourgeons qui naissent sur la surface de leur corps — de même que les boutons naissent sur les branches d'arbre — ne quittent jamais leur lieu de naissance : ils se développent sur place. Les nouveau-nés ne se séparent pas de leur mère : ils vivent et meurent au même point.

Des animaux qui créent des îles et qui finiront par créer des continents.

Il en résulte que les générations se greffent les unes sur les autres et qu'elles finissent par former des masses considérables, des bancs sous-marins, des chaînes de rochers dont l'étendue s'accroît sans cesse par la naissance de nouveaux individus.

Arrivés à la surface de la mer, les Polypiers coralliaires ne croissent plus en hauteur, mais ils continuent à se ramifier sous les eaux. Ils s'étendent si loin que, dans les mers voisines des tropiques, ils forment des récifs qui rendent la navigation très périlleuse en ces parages.

De même que les bourgeons qui naissent sur les branches d'arbre.

Quelquefois il arrive que des herbes, des plantes, des troncs d'arbres et autres débris sont arrêtés par des bancs de polypiers et qu'ils s'y amassent. Les vides se comblent, une élévation se forme et des graines, apportées par le vent ou par les oiseaux, y germent. Bientôt une vigoureuse végétation s'élève sur cet amas de rochers vivants et une nouvelle île prend naissance, ainsi que le rapporte M. Milne-Edwards.

Beaucoup d'îles et de récifs de l'océan Pacifique n'ont pas d'autre origine. On cite des îles créées de la sorte qui ne mesurent pas moins de trente lieues de circonférence.

— Ho! là! là! s'écria le caporal.

— L'étude de la nature vous réserve bien d'autres surprises, mon ami.

Les anciens croyaient que les Polypes du Corail étaient des minéraux, à cause de leur dureté; d'autres pensaient que c'étaient des végétaux pétrifiés, à cause de leurs formes ramifiées, comme des branches d'arbre. Ils disaient à ce propos que les Polypiers étaient des arbres de pierre. Aujourd'hui que nous savons à quoi nous en

Des récifs et des îles de l'océan Pacifique n'ont pas d'autre origine.

tenir, nous pourrions ajouter une variante à cette définition et dire :

Le Corail est un arbre de pierre animé.

Peut-être, pourrait-on dire aussi que le Corail sert de trait d'union aux trois règnes de la nature. Quoi qu'il en soit, on peut affirmer que cet être chétif, qui n'a ni bras, ni jambes, ni tête et qui ne possède qu'un tuyau pour tout estomac, joue un rôle très important dans notre monde. Bien qu'il ne brille pas par son industrie, — puisque c'est son mode d'existence plus que son travail personnel qui produit les phénomènes que je viens de vous rapporter, — on peut constater que ces infimes ouvriers accomplissent des travaux aussi gigantesques que surprenants, et qu'à ce point de vue, ils sont bien autrement intéressants que les grosses bêtes dont la conformation est régulière et dont les mœurs et le caractère n'ont rien de particulier.

L'histoire des gros animaux est d'ailleurs connue depuis longtemps, et, à part les poissons qui se dérobent au fond des eaux, les vertébrés n'ont plus grand'chose à nous apprendre.

Je n'en dirai pas autant des animaux des trois autres embranchements ; ceux-là ont encore bien des renseignements à nous fournir.

Les travaux du savant et très populaire Raspail nous ont fait connaître les Vers parasites qui vivent dans le corps des animaux et nous ont signalé la présence dans l'atmosphère d'un nombre incalculable d'animalcules microscopiques, auxquels il attribue la plupart des maladies infectieuses.

Cette révélation, un peu hypothétique à son début, a été confirmée par divers zoologistes, notamment par l'illustre Pasteur.

— Oui, les Microbes ; on ne parle que de cela dans les journaux. On prétend que c'est à cette vermine que nous devons la peste, la fièvre typhoïde et le choléra.

— La question est encore à l'étude, comme celle des crapauds centenaires. Avant de savoir ce que nous en devons penser, il faut attendre que l'Académie des sciences se soit prononcée.

Pour terminer notre causerie d'aujourd'hui, je vais

vous parler de quelques bestioles de classes différentes qui possèdent la faculté de perforer les corps durs.

Tout d'abord je vous présenterai un mollusque, le plus connu de tous, le vulgaire Escargot, le Limaçon, l'Hélice, — il est connu sous ces trois noms.

L'Hélice se réfugie pendant l'hiver dans des nids qu'il se creuse au milieu des pierres. Vous allez me demander avec quel outil cet animal rampant, au corps mou, peut

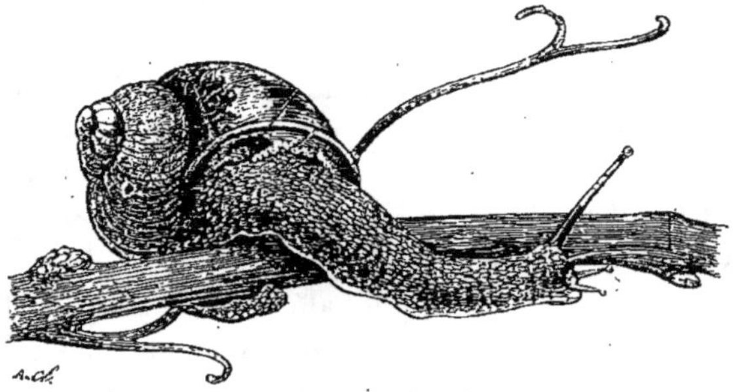
Il se creuse des nids dans la pierre.

entamer les roches et les creuser assez profondément pour s'y loger?

Ce n'est assurément pas avec ses griffes puisqu'il est dépourvu de pattes, ni avec les dents puisqu'il ne peut mordre que des végétaux tendres. Avec quoi peut-il donc miner la pierre?

Tout simplement avec un acide que secrète son corps.

Vous savez que certains acides, tels que l'acide chlorhydrique, rongent la pierre. Il paraît que l'Escargot a le pouvoir de fabriquer un de ces acides au moment opportun et de s'en servir pour décomposer les roches, puisqu'il s'y creuse des couloirs et des chambres plus ou moins spacieuses.

L'Escargot ne jouit pas seul de cette propriété.

⁂

Les Buccins et les Pourpres de nos côtes perforent, en quelques minutes, les valves des coquilles de moules au moyen d'une liqueur que secrète leur estomac et que leur trompe applique directement sur la partie de la coquille à percer.

Mieux que personne, vous connaissez les hauts faits du petit mollusque appelé Taret, dont il a déjà été question. Je vous le cite pour mémoire.

⁂

Un mollusque de la même famille, un mollusque acéphale, c'est-à-dire sans tête, suit l'exemple de l'Escargot. Cet animal, qui porte le nom de Pholade, vit enfermé dans une coquille à deux valves, comme la moule, et se creuse des conduits dans la pierre où il vit stationnaire.

La Pholade des mers d'Amérique mesure 0^m,16 de long. Celle de la Méditerranée est beaucoup plus petite ; l'une et l'autre servent d'aliment.

⁂

Mais il existe un petit animal, à peine gros d'un millimètre, dont vous n'avez probablement jamais entendu parler et que je tiens à vous faire connaître : c'est une espèce d'éponge, qui a été signalée par M. Duvernoy.

Cette bête — c'en est une — s'introduit dans les corps calcaires, dans les roches les plus dures et dans les bancs sous-marins. Ses perforations, parfaitement circulaires, s'étendent dans toutes les couches, les rongent et les traversent.

Comment cet être informe, chez lequel on n'a pas même pu constater la présence d'un estomac, peut-il creuser la pierre? Il n'a ni dents ni griffes, puisqu'il n'a ni tête ni membres; où cache-t-il son appareil de mineur? Par quel procédé opère-t-il?

Devant ces questions, comme devant tant d'autres, la science reste muette. Patience! un jour viendra où nous aurons la clef de tous ces mystères. C'est une énigme de plus à trouver, c'est du pain sur la planche pour les naturalistes de l'avenir.

En attendant la solution de celle-ci, les ÉPONGES TÉRÉBRANTES, c'est ainsi qu'on les nomme, continuent leur travail. Certains rochers sous-marins sont entièrement minés par ces minuscules animaux. Ils creusent les masses les plus compactes, y établissent des galeries en tout sens, les perforent de toute manière au point d'en faire un squelette poreux, semblable à de la pierre ponce.

Vous voyez par cet exemple, mon cher voisin, que si certains zoophytes forment des bancs de rochers, d'autres zoophytes possèdent le pouvoir contraire et détruisent les pierres les plus dures.

Ainsi le veut, paraît-il, la grande loi de l'équilibre qui régit notre monde et qui doit régir tous les autres.

— Sur ce, allons pêcher des goujons. Nous ne les dérangerons pas dans leurs travaux; les poissons, je le crois, n'étant guère industrieux.

— On ne cite que l'ÉPINOCHE qui sache un peu travailler; il abonde dans les ruisseaux. Dans certaines provinces on l'appelle Cordonnier, sans doute à cause des épines dont il est armé et qui piquent comme le pourraient faire des alènes.

Ce petit poisson se construit une espèce de nid avec des herbes et des brindilles de joncs. C'est dans cet abri

Il monte la garde autour de ce berceau.

très rustique que la femelle dépose ses œufs. Pendant ce temps, le mâle monte la garde autour de ce berceau pour en défendre l'entrée aux maraudeurs.

Allons pêcher à la ligne. Demain nous reprendrons nos propos et je vous parlerai des animaux voyageurs.

LES VOYAGEURS

La grande majorité des oiseaux, petits ou grands, quittent nos climats quand arrive la mauvaise saison. Ils vont chercher, sous des cieux plus cléments, une douce température et surtout la nourriture qui leur fait défaut, quand la neige couvre le sol. Ils vont offrir leurs services aux peuples qui sont infestés par les insectes et les autres animaux nuisibles.

— Le fait est que les Européens ne sont pas les seuls habitants de la terre. Il reste encore bien des bouches à nourrir dans les autres parties du monde.

— En effet, caporal. Si l'Europe compte environ trois cents millions d'habitants, l'Asie en renferme environ sept cents millions; les deux Amériques en possèdent à peu près soixante-quinze millions; l'Afrique, que nous ne connaissons qu'imparfaitement, peut bien en contenir une cinquantaine de millions, et l'Océanie, dans ses îles nombreuses — dont une forme un continent — n'est pas loin d'en contenir une vingtaine de millions; soit environ un milliard deux ou trois cents millions d'habitants.

Que d'hommes à défendre et à protéger! Ils ont de l'ouvrage les chers oiseaux, et il est nécessaire qu'ils soient en nombre. Il faut dire que chaque pays du monde a ses défenseurs particuliers et que nos oiseaux ne font pour ainsi dire que voisiner.

Lorsque la brise du nord commence à souffler et les arbres à se dépouiller de leur feuillage, les insectes prennent leurs quartiers d'hiver ; on n'en voit plus beaucoup montrer le bout de leurs antennes à la fin de l'automne : ils sont presque tous morts.

Nos braves petits oiseaux, n'ayant plus rien à faire chez nous, s'en vont dans le midi de l'Europe et dans le nord de l'Afrique, où leur présence est bien nécessaire. Ils ne s'aventurent guère au delà, parce qu'il faut songer au retour.

Aussitôt que le soleil du printemps fait bourgeonner les arbres et germer les semences, nos amis nous reviennent à tire-d'aile. Alors les œufs d'insectes éclosent, les larves sortent de leurs retraites et se répandent sur les jeunes pousses. Les bons petits oiseaux accourent nous délivrer de cette engeance et, du même coup, nous égayer par leurs joyeux refrains.

La plupart des oiseaux voyageurs s'éloignent par petites bandes et reviennent de même. Certaines espèces partent toutes à la fois : les Hirondelles sont de ce nombre.

A la fin de l'automne, on les voit se réunir sur les édifices et sur le toit des maisons. Elles semblent se concerter et faire leurs adieux au pays et à ses habitants. Elles disparaissent toutes ensemble, — c'est-à-dire toutes celles qui fréquentent la même région, — il ne reste dans le pays que les malades ou les jeunes sujets trop faibles encore pour braver les fatigues d'un long voyage.

Parvenues sur les bords de la Méditerranée, les bandes d'hirondelles qui arrivent de toute part se réunissent et attendent qu'un vent favorable vienne les aider à faire la traversée. C'est en masses considérables qu'elles franchissent la mer. Elles se répandent ensuite dans l'Algérie, s'arrêtent aussi en Grèce et dans la Sicile.

C'est à cette époque que les chasseurs marseillais montrent leur savoir-faire. Comme en temps ordinaire ils n'ont à s'exscrimer que contre de vulgaires pierrots, ces chasseurs intrépides abattent les Hirondelles de passage avec une espèce de rage délirante. C'est par millions qu'ils les massacrent. Aussi faut-il voir avec quels airs

Vers la fin de l'automne, elles partent à la fois.

triomphants ces valeureux Nemrods rentrent au logis, la carnassière remplie de ces pauvres oiselets.

Les Geais quittent notre pays dans les premiers jours d'octobre. Ils voyagent par petites troupes et, pour ainsi dire, en se jouant. Ils ne font pas de courses de longue haleine; ils voltigent de forêt en forêt, se régalant de châtaignes et de glands, et se dirigeant vers l'est, gagnent ainsi la Perse et l'Arabie.

Les Cailles attendent que la moisson soit terminée pour nous quitter. Elles partent vers la mi-août et reviennent quand l'herbe pousse dans nos prairies. Elles voyagent de nuit et se dirigent vers l'Afrique.

Comme elles ne peuvent franchir la Méditerranée d'une seule traite, et qu'elles sont obligées de se reposer sur les îles et les côtes d'Italie, elles se trouvent alors réunies en nombre si considérable que leur chasse constitue

Elles reviennent quand l'herbe pousse.

un véritable coup de fortune pour les habitants du pays. Autrefois, sur les côtes de Naples, on prenait jusqu'à cent mille cailles par jour, dans un espace de dix kilomètres.

On raconte, à ce propos, que l'évêque de Capri se faisait vingt-cinq mille francs de rente avec la location de la chasse dans son île, — ce qui lui avait mérité le surnom d'évêque des Cailles.

Les Alouettes ne quittent notre pays qu'aux premières gelées. Elles gagnent alors le midi de la France, l'Espagne, l'Italie, etc. Il en est de même des gentilles Bergeronnettes, des Pinsons, des Chardonnerets, des Becfigues, etc.;

ils se dirigent tous vers le midi. Ils ne se rendent pas toujours en Afrique. Beaucoup de ces oiseaux ne font qu'errer, de contrée en contrée, au gré de leur fantaisie ou de leur besoin, à des époques assez irrégulières.

Les Tourterelles et les Coucous nous quittent sans tambour ni trompette et voyagent isolément par couples.

Les Pigeons bisets et les Ramiers s'en vont au mois d'octobre. Ils émigrent en troupes nombreuses, se dirigent vers les côtes septentrionales de l'Afrique en passant presque toujours par un vallon des Pyrénées dont j'ai oublié le nom. Au moment du passage, on en prend des quantités considérables.

Beaucoup d'oiseaux particuliers aux contrées septentrionales, bien qu'émigrant vers le sud, ne descendent pas jusque dans le midi de l'Europe. Ils viennent pondre au bord de la mer Glaciale et le climat de ce pays leur semble suffisamment clément. Il faut ajouter que ces oiseaux appartiennent presque tous à l'ordre des palmipèdes et qu'ils sont munis d'un duvet très chaud et très épais.

Les Oies, les Canards, les Cygnes, quoique bien couverts, recherchent les climats tempérés. Il n'est pas rare d'en rencontrer dans nos pays, quand l'hiver menace d'être rigoureux. Ils voyagent par bandes et s'abattent sur les étangs et sur les marais. On ne les approche que très difficilement. Ils sont extrêmement méfiants et, lorsqu'ils sont posés, ils ont soin de poster des sentinelles qui surveillent la plaine. Au moindre signal de danger, ces vedettes poussent un cri d'alarme et toute la bande prend sa volée.

Cependant, certains chasseurs parviennent à tromper leur vigilance et font d'abondantes captures, surtout parmi les Canards. Cette chasse, ou plutôt cette pêche, constitue la seule industrie de certains habitants du nord de la Hollande.

Voici comment elle se pratique :

Pendant qu'ils sont posés, des sentinelles surveillent la plaine.

On choisit un étang qui se termine par une anse d'assez vaste ouverture, conduisant à un canal bordé de saules et de grandes herbes. — La plupart des étangs qui sont alimentés par un ruisseau affectent cette forme. — A l'entrée du canal et par-dessus les arbres, on étend des filets qui couvrent l'eau et qui se prolongent bien au delà en se rétrécissant de plus en plus, de manière à former un long boyau. Coupez un entonnoir dans le sens de sa longueur, appliquez cette moitié d'entonnoir sur le sol, et vous aurez un modèle assez exact de la figure que présentent les pièges tendus aux volatiles migrateurs.

Ce n'est pas difficile de tendre le piège, même de le

bien tendre ; ce qui demande de l'habileté, c'est de faire entrer les très méfiants Canards sous ces filets.

Les filets étant préparés de la sorte, deux hommes se tiennent cachés à l'entrée du canal, mais si bien cachés que leur tête seule dépasse le niveau de l'eau; encore est-elle dissimulée au milieu des roseaux. Un autre chasseur, embusqué de la même manière, se place à l'extrémité opposée de l'étang. Ce dernier tient dans ses bras un chien griffon de petite espèce, admirablement dressé à ce genre de chasse.

Lorsque les Canards s'abattent en grand nombre sur l'étang, le maître lâche son chien qui commence à nager sans bruit sur le bord de l'eau. Les Canards, malgré leur poltronnerie, ne s'effarouchent pas devant un si chétif animal dont la tête, pas plus grosse que le poing, émerge seule. Cependant, tout en ne le craignant pas, ils le surveillent du coin de l'œil et se tiennent à distance.

Le petit chien, sans avoir l'air de s'occuper d'eux, continue ses évolutions et manœuvre si bien que, sans trop s'en approcher, il les oblige à se diriger vers la petite baie et à franchir l'entrée du canal. Une fois la bande engagée dans le traquenard, elle est perdue. Les pêcheurs embusqués tirent une corde qui ferme l'entrée du canal. Vous devinez le reste.

Les infortunés volatiles, toujours nageant, s'en vont d'eux-mêmes s'enfermer dans les sacs qui sont placés à l'extrémité du réseau. — Les chasseurs n'ont plus qu'à s'en emparer.

Les petits Échassiers, tels que Pluviers, Vanneaux, Bécasses, etc., quittent les plaines du nord de la Baltique, traversent nos contrées à l'automne et se rendent dans le Midi ; ils reviennent vers le mois de mars.

Elles reviennent vers le mois de mars.

Les Oiseaux de proie diurnes et nocturnes émigrent comme les autres, mais ce n'est jamais par bandes ni d'une façon bien déterminée. Ils suivent vraisemblablement les oiseaux migrateurs dont ils font leur régal ordinaire.

Ces rapaces sont des pondérateurs qui sont chargés d'arrêter la trop grande multiplication des petits oiseaux : les hommes n'ont donc pas besoin de s'en mêler.

On a remarqué que la grande chaleur comme le grand froid obligent certains animaux à changer de climat ; ainsi la plupart des oiseaux aquatiques qui séjournent sur les lacs et les marécages de l'Inde quittent ce pays en été et gagnent, en quantités innombrables, les régions de l'Asie centrale.

Les grands oiseaux, tels que les Grues, les Cigognes, les Oies, etc., émigrent par bandes isolées, qui se suivent d'assez près. Ils ont une façon de voyager qu'on ne remarque pas chez les oiseaux de petite espèce.

Les Grues, Cigognes, Oies, etc., lorsqu'elles franchissent les airs, ne volent pas de front ni groupées ; elles s'alignent sur deux rangs et se tiennent à la queue leu leu, non sur deux rangs parallèles, mais bien sur deux lignes qui se rejoignent à l'avant et offrent l'image d'un V.

L'oiseau qui tient le sommet du triangle conduit la bande et reçoit les premiers chocs du vent. Lorsqu'il est fatigué, il remet le commandement au camarade qui le suit et va se ranger à l'extrémité d'une des deux files. Quand le nouveau guide éprouve le besoin de se reposer, il cède sa place au suivant : ainsi des autres. Grâce à

Quand il est fatigué, il remet le commandement au camarade qui le suit.

cette tactique, les émigrants se partagent les fatigues qu'un seul ne saurait supporter.

Les migrations les plus considérables sont celles des Pigeons qui habitent l'Amérique septentrionale.

Ces oiseaux parcourent ce vaste continent d'une façon irrégulière et se montrent en troupes si nombreuses qu'il est impossible de s'en faire une idée : certaines de leurs colonnes mesurent jusqu'à douze kilomètres de longueur sur une largeur de plus d'un kilomètre. On estime à plusieurs millions le nombre d'individus qui composent ces bandes. Quelquefois, ces colonnes se succèdent et se suivent de très près, et leur passage dure pendant deux ou trois jours. Quand il en est ainsi, l'air est tellement rempli de ces oiseaux que la lumière du soleil disparaît comme derrière un nuage.

Lorsque ces Pigeons s'abattent dans un bois, une seule troupe occupe la forêt tout entière ; les branches en sont tellement chargées qu'elles se brisent sous leur poids. Après quelques jours d'occupation, le sol disparaît sous leur fiente. Ces excréments forment sur la terre une couche de plusieurs centimètres d'épaisseur, sur une étendue de milliers d'hectares.

Ces Pigeons ne laissent aux arbres ni feuilles, ni menues branches, ni écorce, et la trace de leur séjour se remarque durant plusieurs années.

— Cette fois, Monsieur, vous ne direz pas que tous les oiseaux sont utiles ; ceux-ci me font l'effet d'être un véritable fléau pour les pays qu'ils fréquentent.

— Rappelez-vous, caporal, ce que je vous ai dit concernant les Gallinacés : ils nous sont très utiles comme aliment. Je reconnais que la prodigieuse fécondité de ces Pigeons n'est pas sans péril pour les régions qu'ils visitent ; toutefois je vous ferai remarquer que ces régions sont en partie désertes et que le nombre des Pigeons diminuera avec les défrichements. Voyez ce qui se passe dans les pays cultivés. En Amérique, la multiplication des Pigeons n'est pas pondérée, parce que ce pays n'est pas suffisamment occupé ; laissez arriver l'homme, sa charrue et ses armes, et le nombre des Pigeons ne tardera pas à diminuer.

En attendant, ils continuent leurs déprédations dans les pays qu'ils traversent. Pendant leur passage toute la population est sur pied. C'est par milliers qu'on les tue et par tombereaux qu'on les ramasse. Vous comprenez bien que ce n'est pas à coups de fusil qu'on les chasse : c'est à coups de bâton.

Lorsqu'une de ces bandes, fatiguée, rase le sol pour se poser, les chasseurs tendent de longs filets sur leur passage et les Pigeons s'y empêtrent. C'est alors un carnage indescriptible auquel prennent part les femmes et les enfants.

Dans beaucoup de contrées l'arrivée de ces oiseaux est attendue avec impatience, parce qu'ils fournissent aux habitants un surcroît de nourriture, dont ils ont quelquefois grand besoin.

La migration de certains animaux est un des faits les plus curieux de l'histoire naturelle. — Je dis « animaux », parce que ce ne sont pas les oiseaux seuls qui changent de climat. On trouve des voyageurs au long cours parmi les Mammifères, les Reptiles, les Poissons et les Insectes.

Les zoologistes ont donné d'assez bonnes raisons pour expliquer les migrations régulières, mais ils n'ont pas encore pu motiver d'une manière satisfaisante les migrations accidentelles. Ils ne s'expliquent pas trop pourquoi certaines migrations sont temporaires et ne se renouvellent qu'un nombre indéterminé de fois durant la vie de l'animal. Ils risquent bien quelques hypothèses à ce sujet, mais les hypothèses ne sont jamais que des hypothèses.

Ce que les zoologistes n'expliquent pas du tout, par exemple, c'est l'admirable instinct dont la nature a gratifié certains animaux voyageurs et particulièrement ceux de la gent emplumée.

Prenez une Hirondelle dans son nid, un Pigeon dans son colombier ; emportez-les à cent lieues de là, dans un panier couvert; rendez-les à la liberté. Que verrez-vous alors? Vous verrez le Pigeon ou l'Hirondelle s'élever dans les airs, décrire deux ou trois courbes, et, sans consulter la rose des vents ni la carte de l'état-major, revenir en droite ligne vers son berceau.

Comment expliquer ce phénomène?

On comprend, jusqu'à un certain point, que le chien qui a perdu son maître le retrouve à une longue distance. Il a pu être guidé par son flair subtil; ou bien, à l'instar du petit Poucet, il a fait des remarques sur la route qu'il a parcourue et pris certains signes comme points de repère. Mais l'oiseau, qui suit le chemin des nuages, qui n'est guidé ni par les traces des pas, ni par les émanations particulières au sol, ni par l'aspect du paysage, comment fait-il pour s'orienter? Comment, après quelques minutes d'hésitation, reconnaît-il un chemin qu'il n'a jamais parcouru? Voilà ce qu'on ignore.

Parmi les Mammifères on cite, comme émigrant à des époques irrégulières, les Singes qui vivent en grande société dans les forêts du nouveau monde. Lorsqu'ils ont ravagé un canton, on les voit, s'élançant de branche en branche, aller à la conquête d'un autre. Ils voyagent comme certaines tribus arabes. Ce sont plutôt des déplacements que des migrations : c'est la vie nomade.

Durant ces voyages, les mères portent leurs petits sur le dos et la troupe entière fait retentir les forêts de ses cris aigus et de sa joie bruyante.

Les Mammifères qui accomplissent des voyages réguliers ne sont pas très nombreux. Les plus remarquables appartiennent au genre Antilope.

Tout d'abord se présente le Chevrotain porte-musc.

. Le Chevrotain est un joli animal qui tient le milieu entre la chèvre et la gazelle. Il est dépourvu de cornes et porte à la mâchoire supérieure de longues canines dont la pointe se dirige vers le sol. Il a la taille d'un

Il tient le milieu entre la Chèvre et la Gazelle.

faon de biche et il en possède toute la grâce. Il habite le Tibet et vit sur les pics les plus âpres et les plus élevés des montagnes. Il fait des sauts prodigieux d'un rocher à l'autre. Il marche si légèrement sur la neige, qu'il y laisse à peine la trace de ses pieds, tandis que les chiens qui le poursuivent s'y enfoncent profondément.

Les chevrotains vivent solitaires pendant une partie de l'année ; aux approches de l'hiver, ils se réunissent en grand nombre et descendent vers des régions plus méridionales. A cette époque ils sont maigres et exténués de fatigue. Les Chinois, qui leur font une guerre acharnée, n'ont pas beaucoup de peine à s'emparer de leurs dépouilles.

La plus précieuse de ces dépouilles est le musc, que les parfumeurs recherchent à cause de son odeur tenace.

Plusieurs animaux secrètent une substance odorante : je vous les ferai connaître.

Les migrations d'Antilopes et de Cerfs qui habitent le voisinage du cap de Bonne-Espérance et les contrées septentrionales de l'Amérique ont lieu au printemps et à l'automne.

Les petites Antilopes, que Buffon appelle Chèvres sauteuses, et qui portent le nom peu harmonieux de Springbocks, quittent la région nord du Cap et descendent vers le sud en quantité si considérable, que leurs troupeaux couvrent des plaines de plus de cinquante kilomètres d'étendue et forment des masses composées de plusieurs centaines de mille individus. Les chasseurs pénètrent à cheval au milieu de ces émigrants et en font d'horribles massacres.

On prétend que c'est le manque d'eau qui oblige ces animaux à changer de résidence ; mais Livingstone, qui paraît les avoir observés de près, assigne d'autres motifs à ces voyages. Il dit que ces Antilopes ne redoutent pas le manque d'eau ; qu'elles abandonnent le pays des hautes herbes et qu'elles recherchent les plaines découvertes, afin de se soustraire plus aisément à leurs ennemis.

Cette raison n'est pas très satisfaisante. Je ne la consigne que pour mémoire.

Le passage des Springbocks est une source de richesse pour les Cafres. Aussi cherchent-ils à les attirer par tous les moyens possibles. Le chemin que suivent ces animaux n'est pas toujours le même et ils ne reviennent pas non plus toujours par la même route qu'ils ont prise en s'éloignant. L'itinéraire de leurs voyages peut être figuré par un ovale très allongé dont le grand diamètre mesure 7 à 800 lieues. Leur voyage dure quelquefois un an.

Une autre espèce d'Antilope, qui se rapproche aussi de la chèvre et dont le nom ne vous écorche pas les oreilles comme le précédent, l'Antilope Saïga émigre également par troupeaux.

Ces animaux, bien qu'ils redoutent la grande chaleur, quittent le sommet du Caucase aux approches de l'hiver, et vont par bandes chercher, dans les régions plus tempérées, la nourriture qui leur manque. Vigilant et très agile, le Saïga défie les hommes et les loups, tant qu'il est dans ses montagnes ; aussitôt qu'il arrive en plaine, il perd la plus grande partie de ses avantages. Comme il a la respiration très courte, il ne peut courir longtemps, et l'on peut aisément l'atteindre.

La chair de cet animal est mauvaise à manger. On ne le chasse que pour s'emparer de ses dépouilles, particulièrement de ses cornes, qui sont translucides.

Ces ruminants ont pour ennemi une mouche qu'ils redoutent plus que les chasseurs et plus que les loups. Cette mouche est une espèce d'Œstre, à peu près semblable à l'Hypoderme du bœuf. Ces mouches pondent sur la peau du Saïga une telle quantité d'œufs et ces œufs, devenus larves, déterminent un si grand nombre de tumeurs, que la pauvre bête tombe épuisée et meurt, pour ainsi dire, mangée toute vivante.

— Il paraît que les étourneaux manquent dans le pays.

— C'est probable ; ou bien ce genre de larves n'est pas

de leur goût. Faute de cet ami emplumé, beaucoup de Saïgas sont victimes de ces Diptères.

Les Lemmings, petits rongeurs du genre Rat, qui habitent les bords de la mer Glaciale, descendent quelquefois des montagnes en quantité innombrable. Ils s'avancent par colonnes serrées, comme des soldats, et suivent toujours une ligne droite, sans tenir compte des obstacles.

Ils voyagent en suivant toujours une ligne droite.

Rencontrent-ils une rivière : ils la traversent à la nage ; un groupe de rochers : ils l'escaladent ; des habitations : ils les contournent, et ils reviennent toujours sur la ligne.

C'est surtout pendant la nuit qu'ils voyagent. Un grand nombre périt en chemin. Leur troupe est si considérable qu'il n'y paraît guère et qu'ils n'en ravagent pas moins les contrées qu'ils traversent. Ils sont si voraces, qu'ils détruisent toute végétation et qu'ils vont chercher, jusque dans l'intérieur du sol, les grains et les racines. Ils ne laissent après eux que la terre nue.

Ils se creusent des sillons distants de plusieurs pieds et profonds de quatre à cinq centimètres. Après leur passage, on dirait que les champs ont été profondément hersés.

Rien ne peut arrêter la marche de la colonne. Lorsqu'ils sont forcés de contourner un rocher, ils le font sans perdre de vue le droit chemin, qu'ils reprennent aussitôt que l'obstacle est franchi.

On rapporte que dans la migration de Lemmings qui eut lieu en 1823, ces petits quadrupèdes faillirent couler plusieurs bateaux en traversant la rivière d'Angerman, en Bothnie.

Le passage des Lemmings est une calamité pour les habitants de la Norvège et de la Laponie. Heureusement, l'émigration de ces petits rongeurs ne se reproduit guère que tous les dix ans dans la même contrée.

⁂

Une autre espèce de Rat, le CAMPAGNOL des prairies, qu'on appelle aussi le Rat économe et qui habite le Kamtchatka, émigre vers le couchant et marche à peu près de la même façon que les précédents. Ces rats sont en si grand nombre que, lorsqu'ils arrivent sur les bords du Jourdoma, vers le milieu de juillet, — après avoir fait une route de plusieurs centaines de lieues, — une seule de leurs colonnes met souvent quatre heures à défiler.

Au mois d'octobre, ils regagnent le Kamtchatka.

Leur retour est attendu avec impatience par les chasseurs, parce que ces rongeurs amènent à leur suite une foule de Carnassiers à épaisses fourrures.

Les Campagnols de nos pays n'émigrent pas, mais à certaines époques ils se multiplient de telle sorte que l'on croirait à une invasion.

Dans l'année 1792, la ferme de l'abbaye de Dommartin, dans le Pas-de-Calais, fut ravagée par une telle quantité de Campagnols que tout le terrain, mesurant trente hectares, était sillonné par les galeries de ces animaux et qu'on ne put récolter ni grain ni herbe.

En 1818, les bords du Rhin, du côté allemand, furent envahis par ces mêmes rongeurs. On en détruisit plus de quarante-sept mille en moins de trois jours et dans un seul village.

Dès l'année 1801-1802, notre pays avait été visité par ces dévorants qui y demeurèrent pendant environ dix-huit mois. Neuf de nos départements furent ravagés, particulièrement la Vendée, où rien ne demeura : les semences furent dévorées dans le sol, les récoltes anéanties sur pied, les jeunes pousses d'arbres coupées à la base ; les prairies, minées, ne donnèrent aucun fourrage ; enfin, le désastre prit de telles proportions que l'autorité supérieure s'en inquiéta et que l'Institut nomma une commission, composée de quatre savants, pour aviser au moyen d'arrêter le fléau.

Si les savants ne purent réparer le dommage, ils le constatèrent. Il fut évalué à plus de trois millions pour la Vendée seulement. J'ignore quel fut le chiffre des huit autres départements ravagés : il devait être, vraisemblablement, dans les mêmes proportions, soit vingt-cinq millions.

Les savants proposèrent une foule de procédés pour détruire ces ravageurs : pièges et poisons demeurèrent sans effet, et nous risquions fort de voir cette engeance s'acclimater chez nous, si les pluies abondantes, survenues dès le commencement de 1802, ne l'avaient en grande partie détruite.

J'ai lu quelque part qu'en 1822, dans les environs de Saverne, on détruisit en quinze jours deux millions de Campagnols.

En 1836, en Silésie, on dut labourer à nouveau six mille hectares de terre qui avaient été fouillés par ces rongeurs. Leur tête ayant été mise à prix à raison de un centime par douzaine, on en livra deux cent mille dans une journée.

L'espèce Rat, qui pullule d'une manière si désastreuse pour les campagnes, rend quelques services dans les grandes villes. Elle fournit des agents de salubrité publique.

Il vivait dans notre pays depuis sept cents ans.

Le Rat de ville détruit les ordures et les immondices de toute nature que charrient les égouts, et qui se trouvent dans la rue. Ces Rats sont extrêmement voraces, ils dévorent tout ce qui peut se manger. Quand ils ne trouvent plus rien à se mettre sous la dent, ils dévorent leurs congénères plus faibles. C'est ainsi que la race des Rats noirs, qui vivait dans notre pays depuis sept cents ans, a été détruite et remplacée par la race appelée Surmulot, vers 1750.

Ce SURMULOT, qui nous est arrivé de Perse, s'est si bien emparé de la place, qu'il ne reste plus que quelques rares individus de l'ancienne espèce.

A Paris, où il règne sans conteste, le Surmulot abonde, et chaque semaine on en tue par milliers. Ils sont si nombreux que, en une seule nuit, ils ont dévoré trente-cinq cadavres de chevaux dans le clos d'équarrissage de Montfaucon.

Les ÉCUREUILS DE LAPONIE changent aussi de résidence. Ils voyagent par troupes nombreuses ; ils ne suivent pas l'ordre presque militaire des Lemmings et des Cam-

Ils ne voyagent pas comme les Lemmings.

pagnols. Ils font la part des obstacles et cherchent à éviter tout ce qui peut entraver leur marche.

Lorsque sur leur parcours ils rencontrent des rivières et des lacs, — ce qui leur arrive souvent, — ils ne les traversent pas à la nage, soit parce qu'ils nagent mal, soit parce que la température de l'eau n'étant pas très douce, ils ne tiennent pas à prendre de bain.

— Comment font-ils, alors ?

— Ils font une chose bien simple, qui ne viendrait pas à l'esprit de tout le monde ; ils improvisent un bateau et s'embarquent. Chaque Écureuil va chercher une écorce d'arbre suffisamment large et s'en fait une nacelle. Une fois en route, l'animal relève sa queue touffue et cette queue fait l'office de voile.

Comme ces petits Rongeurs voyagent en nombreuse compagnie, ils forment sur les étangs des flottilles très curieuses à voir.

Parmi les Pachydermes on trouve quelques voyageurs, entre autres le petit sanglier d'Amérique, appelé Pécari.

Le Pécari est beaucoup plus petit que ses frères de l'ancien monde. Une particularité l'en distingue encore : c'est la glande qu'il porte sur le dos et qui secrète un liquide abondant et fortement musqué.

Les Bisons, qui habitent l'Amérique septentrionale, entreprennent aussi des voyages annuels. Au mois d'août, ils quittent en grand nombre les plaines du nord et gagnent des régions plus méridionales. Au printemps suivant, ils reviennent par groupes isolés dans les plaines et dans les prairies du Canada.

Les Éléphants d'Afrique descendent deux fois par année dans les plaines, au moment de la sécheresse, et revien-

Ils descendent dans les plaines au moment de la sécheresse.

18

nent dans leurs solitudes quand les pluies ont fait reverdir les vallées et les montagnes.

Dans le même pays, les solipèdes, tels que Hémiones, Zèbres, Couaggas, voyagent par bandes de quelques centaines d'individus et apparaissent, tout à coup, en force dans les contrées où, jusqu'alors, ils étaient fort rares.

Ces déplacements, comme celui des Singes, ne peuvent être considérés comme de véritables émigrations. Ce sont des promenades à la recherche d'un séjour meilleur : ces nomades s'amusent à courir le monde, comme le font les bohémiens.

La classe des poissons nous présente de nombreuses espèces qui changent régulièrement de climat : les Sardines, les Anchois, les Thons, les Maquereaux, les Saumons et particulièrement les Harengs sont de ce nombre.

— Les Harengs ! en voilà des paroissiens qui peuvent se flatter de rendre de crânes services au pauvre monde ! A quel moment se mettent-ils en route ?

—Vers les premiers mois de l'année, les HARENGS quittent la mer du Nord qu'ils habitent et descendent vers le Sud.

Ils voyagent en groupes serrés et forment deux colonnes qui ont plusieurs centaines de lieues de longueur et plusieurs centaines de mètres d'épaisseur.

La première colonne se dirige vers les côtes de l'Islande, où elle arrive au mois de mars ; puis, tournant au sud-ouest, elle gagne le banc de Terre-Neuve, où elle se disperse.

La seconde colonne marche vers le Sud et se divise en deux sections : l'une descend vers les côtes de Norvège et entre dans la Baltique ; l'autre se dirige vers les îles Orcades.

Cette dernière se fractionne elle-même en deux brigades : l'une se rend dans l'océan Atlantique en longeant l'Écosse et les côtes de la Zélande ; l'autre, en suivant les côtes d'Angleterre, entre dans la Baltique, où les deux colonnes se rejoignent.

Jamais ces poissons ne dépassent le quarante-cinquième degré de latitude nord.

Cette quantité prodigieuse de poissons, voyageant serrés les uns contre les autres, et que les pêcheurs désignent sous le nom de *banc de poissons,* offrent un phénomène très singulier. On l'explique en disant que les Harengsémigrent pour frayer dans des eaux moins froides. Mais alors pourquoi la première colonne se rend-elle à Terre-Neuve ? Certains naturalistes ont prétendu que ces poissons ne changent pas de latitude et qu'ils ne font que remonter des profondeurs de la mer à la surface. Quoi qu'il en soit, les Harengs se montrent en quantité innombrable. Ils nourrissent la plus grande partie du monde de la mer et font vivre des milliers d'hommes, ainsi que vous l'avez fait observer.

La fécondité de ces poissons est telle que, s'ils n'avaient pas d'ennemis pour les détruire, les Harengs finiraient par combler les mers.

On a trouvé dans le corps d'une femelle de taille ordinaire plus de soixante mille œufs. Le frai de ce poisson couvre la mer sur une étendue considérable.

On ne sait rien de positif sur les mœurs des jeunes Harengs.

Les Saumons sont aussi des voyageurs remarquables. On est bien sûr que ceux-là changent de résidence.

Ils habitent les mers du Nord et chaque année, au printemps, ils arrivent en grand nombre à l'embouchure des fleuves, qu'ils remontent presque jusqu'à leur source.

Dans ces migrations, les Saumons observent à peu près en nageant l'ordre que suivent les Cigognes et les Oies sauvages en volant; c'est-à-dire, qu'ils forment deux colonnes sous la conduite d'un chef de file qui est ordinairement la plus grosse femelle de la bande.

Les Saumons s'avancent lentement dans les rivières et comme en se jouant. Lorsqu'une digue les arrête, ils appuient leur queue sur quelque corps solide, courbent leur corps, et se redressent avec violence : leur queue, faisant l'office de ressort, les projette en avant; ils s'élancent hors de l'eau, faisant des bonds de quatre à cinq mètres, et vont retomber au delà de l'obstacle qui leur barrait le passage.

Les Saumons remontent les fleuves, les rivières et même les ruisseaux pour aller chercher des endroits tranquilles et un lit de gravier pour y déposer leur frai. La femelle creuse un trou dans le sable et y dépose ses œufs. Vers l'automne, toute la bande regagne la haute mer, excepté les petits qui demeurent dans l'eau douce jusqu'à ce qu'ils soient assez forts pour affronter les vagues de l'Océan; en d'autres termes, jusqu'à ce qu'ils aient atteint trente centimètres de longueur.

Ce qu'il y a de particulier dans les migrations des Saumons, c'est qu'ils suivent les habitudes des Hirondelles. Vous savez que ces oiseaux reviennent chaque année dans leur ancien domicile. Eh bien, les Saumons font ainsi. Ils reviennent toujours dans les mêmes parages. On s'en est assuré en mettant un anneau de cuivre à la queue de douze Saumons qu'on avait pêchés dans une rivière de la Bretagne. On lâcha ces poissons qui regagnèrent la mer, et l'année suivante, ou quelques années après, on les repêcha tous dans la même rivière.

L'Esturgeon, ce grand poisson qui dépasse quelquefois cinq mètres de longueur, remonte aussi le cours des fleuves pour aller déposer son frai dans les eaux tranquilles.

On le trouve dans toutes les mers du nord de l'Europe et de l'Amérique.

Dans la Caroline du Nord, on pêche ces poissons en barrant les rivières, lorsqu'ils regagnent les mers.

C'est avec les œufs d'Esturgeon que se fait le caviar, condiment très estimé des Russes, et c'est avec sa vessie que se prépare la colle blanche, dite colle de poisson.

Le corps de l'Esturgeon est garni de cinq rangs de tubercules osseux qui se terminent par des pointes fortes et recourbées. Ces rangées de crochets sont placées sur le dos, sur les côtes et sous le ventre de l'animal. A le voir armé de la sorte, on pourrait supposer qu'il est fait pour la bataille : il n'en est rien. L'Esturgeon ne peut attaquer aucun autre poisson : il n'a pas de dents. Son museau, qui se termine en pointe, ne lui permet de saisir que de toutes petites proies, qu'il va chercher dans la vase.

Ce poisson me rappelle le Kamichi, gros échassier qui vit dans les savanes inondées de l'Amérique septentrionale.

Cet oiseau a la tête surmontée d'une corne longue de cinq à six centimètres; il porte en outre sur chacune de ses ailes un éperon aigu et triangulaire, disposé en avant, quand l'aile est repliée. Ses pattes se terminent par des griffes, aux ongles durs et pointus. Une voix terrible achève de donner à cet oiseau l'aspect le plus formidable. Malgré cette apparence, le Kamichi ne brille pas par son courage ; il vit dans la solitude et ne recherche pas les combats.

Par exemple, c'est un modèle de fidélité conjugale. Le mâle et la femelle ne se quittent jamais : lorsqu'un des deux époux succombe, l'autre ne tarde pas à mourir.

L'Esturgeon me rappelle encore cette grosse brute de Rhinocéros, si bien armé pour l'attaque et la défense.

Ce Pachyderme, vous le savez, se trouve en Afrique et dans l'Inde. Il vit solitairement dans les fourrés épineux.

Le Rhinocéros porte une arme qui n'appartient qu'aux individus de sa race. C'est une corne très dure, d'environ

Cette brute, si bien armée pour l'attaque et la défense.

quarante centimètres et pleine dans toute sa longueur. Cette corne, très solide, est placée sur le nez de l'animal. Quelques espèces particulières à l'Afrique ont deux de ces cornes, soudées l'une devant l'autre.

Avec une arme disposée de la sorte, le Rhinocéros peut éventrer tous ses ennemis, quels qu'ils soient. Aussi n'en rencontre-t-il guère. Le Tigre, lui-même, qui n'a peur de rien, se tient à distance et l'attaque rarement.

Outre cette arme formidable, le Rhinocéros est défendu par une peau qui lui sert de cuirasse. Cette peau est si épaisse qu'elle ressemble à des plaques cornées. Ni les griffes, ni les dents des grands carnassiers, ni les fortes épines des buissons ne peuvent l'entamer. Cette enveloppe est si dure que l'animal ne pourrait se mouvoir sans les replis souples qui se trouvent en dessous, aux endroits des articulations.

Ajoutez à ces avantages une vigueur comparable à celle de l'Éléphant et une taille massive capable de résister à tous les chocs.

Eh bien, ce puissant quadrupède si avantageusement armé, si complètement cuirassé, si robuste, si volumineux, vit solitaire et ne recherche pas les combats.

On se demande à quoi lui sert son armement et l'on ne s'explique pas pourquoi le Rhinocéros est, de tous les animaux, le mieux protégé.

Il y a comme cela dans la nature une foule de *pourquoi* qui n'ont pas encore de *parce que*.

Revenons à nos poissons migrateurs.

⚜

Quantité de poissons quittent la mer pour aller pondre dans les eaux douces. Les Mulets, les Aloses, les Dorades, remontent quelques-unes de nos rivières au printemps.

⚜

A l'encontre des poissons de mer qui vont pondre en eau douce, il paraît avéré aujourd'hui que l'Anguille, poisson d'eau douce, va pondre dans la mer. Jamais elle ne se reproduit enfermée dans un étang. Ce qui n'empêche pas d'en trouver dans les étangs isolés, même dans ceux où jamais Anguille ne s'était montrée auparavant. Leur mode de reproduction est encore un mystère.

Pour s'expliquer, à peu près, comment elles parviennent dans ces étangs, il faut se rappeler que les Anguilles
peuvent rester assez longtemps hors de l'eau, sur un terrain sec, et fort longtemps dans les prairies humides.

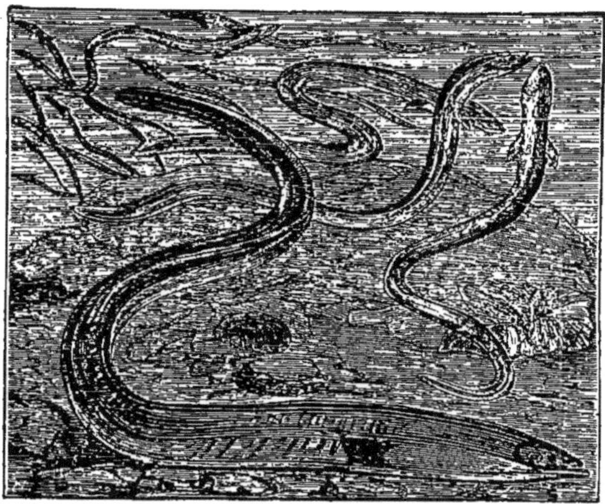

Pendant les nuits pluvieuses, elles sortent des rivières.

Pendant les nuits pluvieuses, elles sortent des rivières et
des étangs, gagnent par les prés d'autres cours d'eau, et
se rendent ainsi à la mer. Les ouïes des Anguilles, qui
sont fort petites, peuvent rester mouillées pendant un
temps relativement considérable.

L'Anguille n'est pas le seul poisson qui puisse vivre
hors de l'eau pendant des heures entières.

Certains poissons possèdent, au-dessus des branchies
par lesquelles ils respirent, des cellules remplies d'eau
qui tiennent ces branchies humides.

L'Anabas, qui vit dans les fleuves de l'Inde et de la Chine, est de ce nombre. Ce poisson, grâce à l'espèce d'appareil dont je vous parle, quitte la rivière et s'amuse sur le bord du rivage. On prétend même qu'il grimpe sur les arbres.

Les reptiles sont, de tous les animaux, les plus sédentaires. Cependant, on voit quelquefois, dans les régions du cap de Bonne-Espérance, des TORTUES TERRESTRES qui émigrent en grand nombre et qui couvrent une étendue de plusieurs kilomètres. Elles voyagent en troupes si serrées que la moitié de la bande est portée par l'autre moitié.

Les grandes TORTUES AQUATIQUES, qui habitent les régions de l'Amazone, quittent les eaux à des époques déterminées et vont, à quelques centaines de mètres de la rive, creuser des trous pour y déposer leurs œufs.

Aussitôt que ces œufs sont pondus, les Tortues les cou-

Elles quittent les eaux et viennent pondre sur la rive.

vrent de sable et font si habilement disparaître les traces qu'elles y ont laissées qu'il est impossible de reconnaître l'endroit où sont les nids. Les Indiens, qui s'occu-

pent de ce genre de chasse, ont une manière particulière
de trouver ces cachettes : ce n'est pas l'œil qui les guide,
c'est le pied ; ils sentent à la dépression du sol quels sont
les endroits qui ont été fouillés, et c'est par millions qu'ils
récoltent des œufs de Tortue. Ils retirent du jaune une
espèce de matière grasse qui tient lieu de beurre dans
toute la vallée de l'Amazone.

Les Tortues ne se rassemblent qu'au moment de la ponte.
Aussitôt qu'elles ont déposé leurs œufs sur le rivage, elles
se séparent et regagnent les eaux.

⚜

On dit que certaines GRENOUILLES changent aussi de résidence, particulièrement les Grenouilles du Brésil, qui vivent sur les arbres et qui font retentir les forêts de leurs
coassements désagréables et assourdissants ; mais le fait
n'est pas absolument démontré. Peut-être qu'à l'exemple
de beaucoup d'autres animaux, ces grenouilles se déplacent pour aller chercher une nourriture plus abondante.

— En tout cas, elles ne font pas de longs voyages : elles
ne nous ont pas encore honoré de leur visite, dit le caporal. Je serais bien curieux de voir des Grenouilles grimper sur des arbres.

— Vous n'avez pas besoin de courir jusqu'au Brésil pour
satisfaire votre curiosité : ne vous souvenez-vous plus de
ce que je vous ai raconté touchant les Rainettes de notre
pays ? En vous promenant sur le bord des étangs, regardez sur les saules, vous y verrez bien certainement quelques-uns de ces batraciens à l'affût.

Les Grenouilles dont je vous parle — j'entends les Grenouilles du Brésil — outre leur talent d'équilibristes,

possèdent encore un talent d'assimilation très singulier : elles savent contrefaire le cri des animaux au point de causer d'étranges méprises. Ainsi, elles aboient comme les chiens et pleurent comme les enfants.

Plus d'un voyageur, trompé par leurs gémissements, s'est porté au secours des prétendus enfants en détresse et s'est trouvé en présence d'un groupe de Grenouilles.

⚜

Parmi les insectes, on compte plusieurs voyageurs au long cours.

Les Fourmis ecitons — plus connues sous le nom de Fourmis fourragères et qui se trouvent dans le bassin de l'Amazone — accomplissent des voyages presque périodiques.

Ces Fourmis sont très redoutables. Non seulement elles sont armées de mandibules recourbées et tranchantes, mais elles sont encore munies d'un aiguillon. Elles ont le corps élancé, les jambes longues et robustes, ce qui leur permet de marcher avec beaucoup d'agilité. Elles mesurent de sept à quatorze millimètres, suivant l'état des individus.

Ainsi que chez leurs congénères d'Europe, leur société se compose de mâles, de femelles et de neutres.

Elles sont essentiellement carnassières et s'attaquent à des animaux de toute espèce et souvent de forte taille. Lorsqu'elles voyagent, elles marchent par colonnes étroites, longues d'une centaine de mètres. De chaque côté de la colonne, et échelonnés de dix centimètres en dix centimètres, se tiennent des individus remplissant les fonctions de sous-officiers ; ces chefs se portent de côté et d'autre, surveillent les rangs, et maintiennent l'ordre et la discipline.

L'arrivée de ces Fourmis carnassières est une véritable bonne fortune pour les habitants de ces régions torrides.

En effet, certaines contrées de l'Amérique du Sud sont presque inhabitables. Les bestioles de toute espèce s'y multiplient avec une telle abondance et vous tourmentent de telle sorte qu'il est impossible de goûter un moment de repos.

Dès que le soleil est couché, on voit sortir des joints, des crevasses, des rideaux, des planchers, etc., des légions de petites bêtes qui vous piquent, qui vous mordent ou qui vous infectent.

Les unes sont velues comme les Araignées et vous chatouillent le visage ; les autres sont molles et s'écrasent sur la peau, dès qu'on les touche ; quelques-unes, plus dures que du bois, s'insinuent sous vos vêtements. Des nuées de Papillons nocturnes voltigent autour de votre tête. Des myriades de Maringouins viennent chanter à vos oreilles, en attendant qu'ils vous sucent le sang. Vous voyez apparaître, le long des murailles, les hideux Scorpions, au dard empoisonné, qui se glissent dans les meubles et jusque dans votre lit. D'énormes Scolopendres, aux quarante-deux pattes, voyagent sur votre corps ; partout vous risquez de mettre le pied sur des Lézards, des Couleuvres, des Rats, etc.

C'est en vain que vous faites la chasse à ces bêtes grosses ou petites. Rien ne peut vous en délivrer. Vous avez beau employer les moyens connus et inconnus pour les exterminer, c'est peine perdue. Celles que vous détruisez sont aussitôt remplacées par d'autres ; c'est à recommencer toujours et sans cesse. De guerre lasse, vous vous laissez piquer, mordre, saigner, empester et maculer par cette vermine, en enviant le sort des Européens qui dorment si paisiblement dans leurs pays tempérés.

Mais, aussitôt que paraissent les Fourmis fourragères,

la scène change et les tourmenteurs expient leurs forfaits. Tous les habitants s'empressent de quitter leurs maisons en ayant soin de laisser les portes et les fenêtres ouvertes, afin de permettre aux arrivantes de circuler librement partout.

Les Fourmis se précipitent dans ces maisons avec une ardeur féroce et font la visite des appartements. Alors un effroyable carnage a lieu. Rien n'est épargné ; rien ne résiste aux terribles mandibules des Ecitons : Arachnides, Myriapodes, Cancrelats, Larves, Reptiles, Souris, sont mis à mort et dévorés en moins d'un instant.

Après avoir accompli cette mission sanitaire, les Fourragères se reforment en colonnes et poursuivent leur chemin.

Dans toute la vallée de l'Amazone, ces insectes sont regardés avec raison comme de vaillants auxiliaires de l'homme et comme des animaux de première utilité. Néanmoins, les habitants se gardent eux-mêmes contre ces auxiliaires et ils ont grand soin de leur céder le pas.

Le voyageur qui rencontre subitement une armée d'Ecitons dans une forêt décampe au plus vite ; sans quoi il risquerait d'être mordu, piqué et finalement, s'il ne pouvait fuir, dévoré par ces terribles carnassiers.

Si peu d'insectes changent de climat, il en est cependant quelques-uns dont les voyages sont une véritable calamité. Je veux parler des Criquets, espèce de sauterelles qui semblent naître dans les steppes de l'Arabie et de la Tartarie, et qui de là se répandent en Afrique et en Europe.

De tout temps les Criquets se sont rendus célèbres par les ravages qu'ils exercent et les famines qu'ils causent. Aucun animal migrateur ne voyage en troupes aussi consi-

dérables. Les Criquets forment parfois, en volant, des
nuages de cinquante kilomètres de longueur sur six mètres d'épaisseur. Le bruit de leurs ailes produit l'effet du
crépitement d'un incendie, joint au sifflement de la tempête. C'est par milliards qu'il faut compter le nombre
d'individus qui composent ces légions; on en a vu qui
obscurcissaient complètement la lumière du soleil et dont
le défilé durait plus d'une heure.

En 1709, le roi de Suède Charles XII, après avoir été
vaincu par les Russes à Pultawa, battait en retraite avec
son armée, lorsque, traversant un défilé, ils furent tout à
coup plongés dans l'obscurité. Un bruit lugubre, pareil à
celui de la mer en courroux, se fit entendre, et bientôt
l'armée fut assaillie par une nuée de Criquets qui s'abattit sur elle avec une violence extrême. Cette grêle vivante,
aveuglant les hommes et les chevaux, obligea l'armée à
suspendre sa marche.

Malheur aux régions qui reçoivent la visite des Criquets
voyageurs ! Elles sont absolument ruinées. En quelques
instants, ces insectes transforment en désert les contrées
les plus fertiles. Ils ne laissent que la terre nue. Leur voracité est telle qu'après avoir dévoré tout ce qui est verdure, ils finissent par se manger entre eux.

En 1780, les Criquets fondirent sur le Maroc et y causè-
rent une famine affreuse. Les pauvres gens du pays furent
réduits à déterrer des racines et à chercher pour se nourrir les grains d'orge dans les excréments des chameaux.

En 1835, dans une contrée de la Chine, les Criquets,
après avoir ravagé les récoltes sur pied et les récoltes en
magasin, se répandirent dans les maisons et dévorèrent le

lingé et les vêtements. Les habitants, affolés, s'enfuirent dans les montagnes.

Les anciens connaissaient si bien le pouvoir destructeur de ces insectes qu'ils sont présentés dans la Bible comme un fléau et comme la huitième plaie qui frappa l'Égypte. Saint Augustin rapporte qu'en Afrique, dans la Numidie, les Criquets, après avoir ravagé le pays, furent précipités dans la mer par le vent. Leurs cadavres, rejetés sur le rivage, corrompirent l'air et occasionnèrent une peste qui, dit-il, fit périr près d'un million de personnes.

— Un million de personnes en Numidie ! C'est beau-

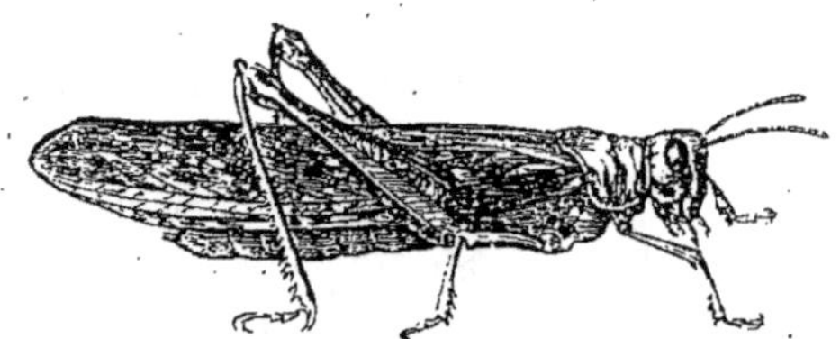

Il transforme en désert les contrées les plus fertiles.

coup pour le pays. Il paraît qu'à cette époque l'Algérie était plus peuplée qu'elle ne l'est aujourd'hui.

— Caporal, je vous cite mes auteurs : je vais vous fournir des exemples plus modernes.

De nos jours, en 1866, notre colonie algérienne fut envahie par des Criquets qui venaient du Sahara : ils ravagèrent les céréales, les colzas, les légumes, enfin tout fut dévoré. Les Arabes allumèrent de grands feux dans l'espoir que la fumée empêcherait ces ravageurs de descendre, mais ce fut inutile.

Les jeunes Criquets qui naquirent à la suite de ces déprédations, ne trouvant plus rien à manger, périrent de faim. Leurs cadavres remplissaient les sources, les canaux et les ruisseaux. Nos soldats, par corvées de plusieurs milliers d'hommes, aidèrent les indigènes et les colons

Leurs légions forment des masses qui obscurcissent la lumière du soleil.

19

à enfouir ces monceaux de corps morts : le nombre en était si grand que les fossoyeurs improvisés furent obligés de renoncer à leur besogne.

Le désastre causé par les Criquets en cette circonstance fut regardé comme une calamité publique, et le gouvernement français organisa une souscription générale pour venir en aide à nos colons d'Afrique, ruinés par ce fléau.

On a proposé beaucoup de moyens pour arrêter l'invasion des Criquets, ou du moins pour empêcher leurs déprédations. Jusqu'à présent, aucun de ces moyens n'a donné de résultats satisfaisants.

— Voilà un fameux argument à ajouter à votre plaidoirie en faveur des petits oiseaux.

— Oui, caporal, c'est un argument victorieux, et je m'en suis servi. Les petits oiseaux ne pourraient guère avaler un grand nombre de ces acridiens, qui sont relativement volumineux ; mais les petits oiseaux pourraient fort bien détruire leurs œufs, puisque les femelles des Criquets déposent, au nombre d'une cinquantaine environ, leurs œufs sur le sol. — Ces œufs, agglutinés par une matière visqueuse, ressemblent à des petits sachets ouverts par un bout.

Les larves qui sortent de ces œufs sont pareilles aux insectes parfaits, sauf les ailes. Elles subissent cinq mues, et ce n'est qu'à la dernière — qui arrive quarante-cinq jours après leur naissance — qu'elles possèdent des ailes propres au vol et qu'elles sont insectes parfaits.

— Criquets ou Sauterelles, c'est tout un, n'est-ce pas ?

— Non, caporal, les vraies Sauterelles diffèrent des Criquets en ce que la femelle porte à l'extrémité de l'abdomen une longue tarière fendue qu'elle enfonce dans le sol pour y déposer ses œufs. Ces œufs passent l'hiver en terre et n'éclosent qu'au printemps.

La femelle du Criquet n'a pas de tarière ; elle est

obligée de déposer ses œufs à la vue de tous. Il est donc possible de les détruire. Reste à savoir comment.

En Orient, certains peuples se vengent des Criquets en

Elle dépose ses œufs dans le sol au moyen de sa tarière.

les mangeant. Ils les ramassent et ils en font d'abondantes provisions, qu'ils conservent précieusement pour parer aux époques de disette. Les Criquets secs figurent comme denrée alimentaire sur les marchés de quelques villes et donnent lieu à des transactions commerciales assez suivies.

Il paraît que ce mets, lorsqu'il est salé, n'a rien de trop désagréable, et qu'on peut le manger sans dégoût.

Dans certains pays on sert des Criquets bouillis ou frits; ailleurs, on en fait des pâtés ou des fricassées; ailleurs encore, on ne les mange qu'au dessert en guise de friandise. Les Hottentots s'en régalent si bien qu'on leur a donné le nom d' « Acridophages » ou mangeurs de Sauterelles.

Un jour peut-être, nous autres Européens ferons-nous des Criquets nos délices. Pourquoi pas? Nous mangeons bien des Écrevisses qui se nourrissent de cadavres, d'Huîtres dont l'aspect n'a rien de ragoûtant, et d'Escargots qui sont bien certainement plus répulsifs que des Criquets.

Ceci me rappelle que les Irlandais, il y a deux siècles, furent obligés de manger des Hannetons pour ne pas mourir de faim.

Ces insectes ravagèrent un comté du Connaught, tant et si bien qu'il ne resta pas une feuille aux arbres et une herbe sur le sol. En quelques jours, le paysage passa de l'été à l'hiver. Le bruit de leurs mâchoires ressemblait au bruit que fait la pluie en tombant sur les vitres, et le bourdonnement de leurs ailes, lorsqu'ils voltigeaient le soir, rappelait le roulement lointain du tonnerre. Les gens ne pouvaient sortir de chez eux à la tombée de la nuit, aveuglés qu'ils étaient par les Hannetons qui les frappaient à la figure.

Les habitants du comté, réduits à la famine par ces dévorants, n'eurent plus d'autres ressources pour vivre que de faire cuire les Hannetons et de les manger.

— Heureusement que ces insectes ne vivent pas en si grand nombre dans notre pays.

— Notre pays n'est pas plus épargné que les autres. Il y a cinquante ans, sur la route de Gournay à Gisors, les Hannetons ont arrêté une diligence.

Ils arrêtèrent la diligence.

— Oh ! là ! là ! pas pour demander la bourse ou la vie aux voyageurs, je suppose ?

— Ces coléoptères, en nombre incalculable, rencontrant cette diligence sur leur passage, assaillirent les chevaux et les forcèrent à s'arrêter ; le conducteur, n'y voyant plus et ne pouvant diriger son équipage, dut tourner le dos à la cohorte et revenir sur ses pas.

En 1841, tout le vignoble du Mâconnais fut ravagé par les Hannetons. Une de leurs bandes s'abattit à Mâcon même. On fut obligé de balayer les rues et d'enlever ces insectes à la pelle.

— Je m'explique votre culte pour les petits oiseaux et je comprends la nécessité d'une loi qui les protège.

— Que les peuples soient gouvernés par des rois absolus, ou par des rois constitutionnels, ou par des présidents, ou par n'importe qui, il faut toujours que ces peuples mangent, n'est-il pas vrai ? Quand l'agriculture est en souffrance dans un pays, le peuple est misérable, quelle que soit la forme de son gouvernement. Donc, sans être un profond économiste, on peut dire, en toute assurance, que le meilleur des gouvernements est celui qui s'occupe le plus et le mieux des choses agricoles.

— Le fait est que reboiser les montagnes, repeupler les rivières de poissons et les forêts d'oiseaux insectivores, vaudrait mieux que de se battre pour mettre Pierre à la place de Paul.

— Remarquez, mon ami, que le repeuplement des bois et des cours d'eau ne coûterait absolument rien. Il suffirait simplement d'arrêter la destruction en interdisant d'une manière absolue la chasse aux petits oiseaux et la pêche pendant quelques années : la nature se chargerait du reste.

Si l'on faisait cela, nos rivières nous fourniraient bientôt une nouvelle ressource nutritive. Les poissons seraient à très bas prix et entreraient pour une large part dans l'alimentation du peuple.

— Comme en Chine.

— Oui, caporal, comme en Chine. Les Chinois, de temps immémorial, s'occupent de pisciculture — on appelle ainsi l'art d'élever les poissons — et ils en retirent d'immenses avantages. Chez nous, la pisciculture n'est qu'une amusette de laboratoire. Elle n'a jamais été prise en sérieuse considération, malgré les tentatives et les résultats incontestables obtenus par des hommes d'expérience et de dévouement. Aujourd'hui, on continue à faire de la pisciculture en chambre et à ravager les rivières.

Faute d'une simple loi, que réclament toutes les personnes compétentes et amies du bien public, nous nous privons sans profit réel d'une alimentation saine que nous offrirait presque gratuitement la bonne mère nature.

— Mais l'État ne retire-t-il pas un grand profit en louant la pêche des fleuves et des rivières, à beaux deniers comptants?

— La location de la pêche rapporte au fisc quelques centaines de mille francs : les cours d'eau repeuplés lui en rapporteraient, dans quelques années, mille fois davantage. L'État mange son blé en herbe ; il fait ce que certains peuples de l'Amazone font avec la gomme résine, appelée caoutchouc, qui découle par incision d'un espèce de figuier.

Ces peuples, au lieu de se contenter de la gomme que leur donnent chaque année leurs figuiers, coupent l'arbre pour s'enrichir plus vite. De cette manière, ils obtiennent dix fois plus de gomme, mais ils tarissent du même coup la source de leur richesse : que leur importe l'avenir à ces hommes à demi sauvages ?

— Si l'on supprimait la pêche, que deviendraient les pêcheurs à la ligne ?

— Ils continueraient de pêcher. On les laisserait à leur plaisir favori sans les inquiéter le moins du monde. Les pêcheurs à la ligne ne causent pas de préjudices appréciables : un million de pêcheurs à la ligne ne détruisent pas, en une année, autant de poisson qu'un pêcheur au filet en détruit en une heure.

La pêche au filet, s'exerçant sur tous les points des cours d'eau au moyen de barques mobiles, ne peut être surveillée comme elle devrait l'être. Cette surveillance, pour être efficace, exigerait la présence d'un garde-pêche sur chaque bateau pêcheur, — ce qui est impossible ; — aussi les fermiers de pêche abusent-ils singulièrement de cette situation. Je puis vous affirmer, sans crainte d'être démenti, que sur cent adjudicataires de pêche, quatre-vingt-dix-neuf enfreignent la loi, et pêchent soit pendant la nuit, soit avec des engins prohibés, soit au moment du frai..

La quantité de poissons qu'ils détruisent de la sorte est incalculable. Eux aussi sont pressés de jouir. Que leur importe de laisser une rivière ruinée à leurs successeurs !

Si le fisc était bien avisé, il pourrait du même coup augmenter ses revenus et repeupler les cours d'eau.

— Je serais curieux de savoir comment il s'y prendrait.

— D'une manière bien simple. Il interdirait absolument la pêche aux filets, nasses, verveux, cordeaux, et délivrerait, moyennant une redevance annuelle de dix francs, des permis de pêche à la ligne plongeante, tenue à la main. J'ai la certitude que le chiffre que produiraient ces licences dépasserait de beaucoup celui que donne le fermage de la pêche. Comme complément obligé, l'administration devrait défendre, sous peine d'une forte amende, à tout propriétaire de canards, de laisser ces volatiles fréquenter les cours d'eau et les étangs au moment du frai.

Grâce à ces deux simples prohibitions, nos rivières se repeupleraient d'elles-mêmes.

— Si je comprends bien, vous voulez empêcher la destruction de l'alevin, de même que vous voulez empêcher la destruction des petits oiseaux.

— Tel est mon désir. Je vous indique le moyen facile et pratique de le réaliser.

— Ce n'est pas à moi qu'il faut l'indiquer c'est à la Chambre. Ah ! si j'étais à la tête du gouvernement seulement pendant vingt-quatre heures, votre moyen recevrait bien vite son application.

— En attendant que vous soyez à la tête du gouvernement, je consigne mon idée par écrit. Peut-être que l'un de mes jeunes lecteurs se la rappellera, quand, devenu député, il s'occupera de législation.

— Ah ! ah ! mon capitaine, s'écria l'ancien militaire en riant de tout son cœur, je vous y prends encore à parler politique. Vous me donnez un mauvais exemple et, pour ne pas succomber à la tentation, je retourne à la pêche.

C'est ainsi que se terminèrent mes causeries à bâtons rompus avec mon locataire. Je les ai rédigées tant bien que mal, et j'en ai fait le volume que je vous présente aujourd'hui, aimés lecteurs.

Mes entretiens avec mon voisin n'en resteront pas là, comme bien vous le supposez; discourir les pieds sur les chenets, c'est le privilège des vieux, et, le caporal et moi, nous entendons user de ce privilège. C'est pourquoi j'aurai bientôt la satisfaction de vous offrir un second ouvrage sur le même sujet. Ce second ouvrage aura pour titre : CURIOSITÉS DE L'HISTOIRE DES BÊTES.

Je crois devoir vous l'annoncer parce que, — bien que traité à un point de vue différent, — il est en quelque sorte le complément de celui-ci.

Sur ce, je prends congé de vous, chers petits amis, et vais rejoindre mon brave camarade sur le bord de la rivière.

FIN

TABLE DES MATIÈRES

SOCIÉTÉ ANONYME D'IMPRIMERIE DE VILLEFRANCHE-DE-ROUERGUE
Jules Bardoux, directeur.